Ergebnisse und Probleme

der

Elektronentheorie.

Vortrag,

gehalten am 20. Dezember 1904 im Elektrotechnischen Verein zu Berlin

von

H. A. Lorentz,

Professor an der Universität Leiden.

Zweite durchgesehene Auflage.

Berlin.
Verlag von Julius Springer.
1906.

ISBN-13: 978-3-642-90058-7   e-ISBN-13: 978-3-642-91915-2
DOI: 10.1007/978-3-642-91915-2

Da man den Wunsch geäußert hatte, ich möchte diesen Vortrag etwas weiter ausarbeiten, so habe ich, neben kleineren Erweiterungen, bei der Besprechung der Elektronentheorie der Metalle einige Betrachtungen über die Thermoelektrizität und den Halleffekt, mit welchen ich, als ich den Vortrag hielt, noch nicht fertig war, aufgenommen. Überdies habe ich am Ende einige Anmerkungen und Zusätze hinzugefügt.

Von den in dieser neuen Auflage angebrachten Änderungen brauche ich nur die zu erwähnen, zu welcher die neuen Untersuchungen von Kaufmann über die elektrische und magnetische Ablenkbarkeit der Radiumstrahlen mich veranlaßt haben.

Daß ich übrigens in der gedrängten Darstellung nicht immer versucht habe, den Anteil der einzelnen Forscher an der gemeinschaftlichen Arbeit hervortreten zu lassen, bedarf, wie ich hoffe, wohl nicht der Entschuldigung.

Leiden, Januar 1906.

H. A. Lorentz.

Der ehrenden Einladung des technischen Ausschusses Ihres Vereins entsprechend, soll ich heute Abend von dem jüngsten Zweige der Elektrizitätslehre, der Elektronentheorie, zu Ihnen reden. Das Thema ist von so großem Umfange, daß an eine erschöpfende Behandlung in der kurzen Zeit, während welcher ich Ihre Aufmerksamkeit in Anspruch nehmen darf, nicht zu denken ist. Gestatten Sie mir daher, Ihnen einen allgemeinen Überblick zu geben und aus der Fülle der Erscheinungen nur Einiges zur näheren Besprechung herauszugreifen.

Ich brauche Ihnen wohl kaum zu sagen, daß man unter Elektronen äußerst kleine elektrisch geladene Teilchen versteht, von welchen wir annehmen, daß sie in allen festen, flüssigen und gasförmigen Körpern in unmeßbarer Zahl vorhanden sind, und aus deren Lagerung, Bewegung und Wirkung wir alle elektromagnetischen Vorgänge in solchen Körpern zu erklären versuchen.

Z. B. stellen wir uns vor, ein geladener Konduktor trage an seiner Oberfläche eine dünne Schicht positiver oder negativer Teilchen. Haben wir es mit einem Strom in einem Metalldraht zu tun, so denken wir uns, die positiven Teilchen wandern nach der einen, oder die negativen nach der anderen Seite hin; vielleicht beides zu gleicher Zeit, sodaß man von einem „Doppelstrom" reden könnte.

Diese Bewegung, in der wir das Wesen eines elektrischen Stroms erblicken, ist eine regelmäßige, geordnete. Sie wird aber an allen Stellen, wo ein Widerstand zu überwinden ist, in eine ungeordnete Wärmebewegung umgesetzt. So geraten die Kohlenfäden unserer elektrischen Lampen ins Glühen und werden die in denselben hin und her zitternden Elektronen die Ausgangsstellen einer Licht- und Wärmestrahlung.

Sollten sich nun die Strahlen in einem luftleeren Raum, also in dem freien Äther, ausbreiten, so wären wir auf einige Zeit die Elektronen los; in dem Äther sind diese nicht vorhanden. Alsbald aber trifft der Strahl einen Körper, in welchem er gebrochen wird, den er erwärmt oder in dem er irgend eine chemische Wirkung hervorbringt; dann wird er, können wir sagen, wieder von Elektronen aufgefangen. Diese befinden sich in dem Glase der Prismen und Linsen, in der empfindlichen Schicht der photographischen Platte, zwar weniger frei beweglich als in einem Metall, aber doch nicht ganz unbeweglich. Sie harren nur des Lichtstrahls, um in Schwingung versetzt zu werden, und dadurch ihrerseits die Fortpflanzung des Lichtes zu beeinflussen.

In diesem hier nur flüchtig geschilderten Bilde gibt es Vieles, das schon sehr alt ist. Die Idee von der stofflichen Natur der Elektrizität, sowie die Ansicht, daß bewegte Elektrizität einen Strom konstituiere, hat die Elektronentheorie mit älteren Formen der Elektrizitätslehre gemein, nur präzisiert sie dieselben durch die Annahme kleiner unveränderlicher, von einander getrennter Körperchen, also einer atomistischen Konstitution der Elektrizität.

Ich füge hinzu, daß wir den elektrischen Strom nur insofern er in der ponderabelen Materie seinen Sitz hat, als eine Bewegung von Elektronen auffassen; die Maxwell'schen Verschiebungsströme im reinen Äther betrachten wir als etwas ganz anderer Art.

Indem nun die Elektronentheorie jeden Leitungsstrom für einen Konvektionsstrom erklärt, ist für sie die Tatsache, daß auch Konvektionsströme eine magnetische Wirkung haben, von fundamentaler Bedeutung. Ließe sich zeigen, daß Bewegung eines geladenen Körpers eine solche Wirkung nicht hat, so müßte man die Elektronentheorie ohne weiteres aufgeben. Daher die große Wichtigkeit der in den letzten Jahren über diesen Punkt unternommenen experimentellen Untersuchungen. Sie wissen, daß Rowland der erste war, der die magnetische Wirkung eines bewegten geladenen Körpers nachwies. Im Jahre 1878 fand er, daß eine in ihrer Ebene rotierende geladene Scheibe in dieser Hinsicht einem System gewöhnlicher kreisförmiger elektrischer Ströme äquivalent ist. Diesen ersten, im Laboratorium von Helmholtz gemachten Versuchen folgten einige Jahre später neue, gemeinschaftlich mit Hutchinson unternommene, bei welchen ein größerer Effekt erreicht und sogar das Verhältnis zwischen der elektromagnetischen und der elektrostatischen Elektrizitätseinheit numerisch bestimmt wurde. Obgleich die Existenz des Rowlandeffektes hierdurch vollkommen bewiesen zu sein schien, wurde dieselbe vor einigen Jahren von Crémieu wieder in Frage gestellt, da es ihm nicht hatte gelingen wollen, weder mit der Versuchsanordnung von Rowland, noch auf anderem Wege, ein positives Resultat zu erhalten. Die hierdurch entstandene Diskussion ist indes zu einem erfreulichen und für die Elektronentheorie recht glücklichen Ende geführt worden. Nachdem Pender in Baltimore seinerseits den Versuch von Rowland gemacht hatte und zwar ohne den Schwierigkeiten zu begegnen, auf die Crémieu gestoßen war, haben die beiden Physiker die Untersuchung gemeinschaftlich fortgesetzt; sie haben dadurch die Frage so weit aufklären können, daß jetzt wohl jeder Zweifel an der Richtigkeit der von Rowland gezogenen Schlüsse gehoben ist. Andere Experimente, ich nenne nur die von Adams in Cambridge (Mass.), Eichenwald in Moskau und Karpen in Paris, haben dies Resultat bestätigt und so dürfen wir sagen, es drohe der Theorie von dieser Seite keine Gefahr mehr. Ich muß übrigens hinzufügen, daß, wenn sich die ursprünglichen Resultate von Crémieu bestätigt hätten, nicht nur an der Elektronentheorie, sondern an der modernen Elektrizitätslehre überhaupt Manches zu ändern gewesen sein würde.

Ich machte Sie bereits auf die Verwandtschaft der Elektronentheorie mit älteren Anschauungen aufmerksam. Speziell hat sie mit der namentlich von Wilh. Weber vertretenen Theorie der beiden elektrischen Flüssigkeiten manchen Zug gemein. In der Tat, ob ich nun sage, ein geladener Körper besitze einen Überschuß positiver oder negativer elektrischer Flüssigkeit, oder einen Überschuß an Elektronen einer bestimmten Art, das macht keinen großen Unterschied. Dennoch sind, und zwar in zweierlei Hinsicht, unsere jetzigen Anschauungen von den früheren weit verschieden. Erstens akzeptieren wir in vollem Umfange die allgemeinen Ideen der Maxwell'schen Theorie, und zweitens sind wir im Stande, über die Eigenschaften und das Verhalten der Elektronen, über ihre Ladung, Masse, Dimensionen und Geschwindigkeit viel bestimmtere Aussagen zu machen, als es früher, was die Teilchen der elektrischen Flüssigkeiten betraf, möglich war.

Gestatten Sie mir, zunächst den ersten Punkt etwas näher zu beleuchten.

Die Grundgedanken der Maxwell'schen Theorie sind uns Allen geläufig; Sie, meine Herren, operieren damit, kann man sagen, tagtäglich. Wir denken gegenwärtig nie mehr an die gegenseitige Wirkung von elektrisierten Körpern, von Stromleitern und Magneten, ohne das elektrische oder magnetische, im Allgemeinen das „elektromagnetische" Feld rings um diese Körper und zwischen denselben ins Auge zu fassen. In diesem Felde stellen wir uns die beiden Zustände vor, die durch die sogenannte „elektrische" und „magnetische" Kraft bestimmt werden, und denen ein genau angebbarer Energiebetrag entspricht. Ferner haben wir ziemlich einfache Gleichungen, mittels welcher wir das Feld berechnen können; die eine drückt den Zusammenhang zwischen dem Strome und der magnetischen Kraft, die andere den Zusammenhang zwischen der elektrischen Kraft und der Änderung der magnetischen Induktion aus. Ich brauche diese Formeln nicht anzuführen und will nur daran erinnern, daß sie im Allgemeinen eine Fortpflanzung der Zustände mit einer Geschwindigkeit, gleich der des Lichtes darstellen. Zwar gibt es stationäre Zustände, in welchen von einer Fortpflanzung die Rede nicht ist, sobald wir aber einen Strom in seiner Intensität ändern, einen elektrisierten Körper oder einen Magnet in Bewegung versetzen, entstehen elektromagnetische Wellen, in welchen eine gewisse Ausstrahlung von Energie stattfindet.

Nach der Elektronentheorie besteht nun rings um jedes Elektron, in dem umgebenden Äther ein Feld, das den allgemeinen Maxwell'schen Gleichungen genügt; jedes bei unseren Versuchen zur Beobachtung kommende Feld entsteht aus der Superposition unzähliger derartiger Elementarfelder. Was das Feld des einzelnen Elektrons betrifft, so ist dieses rein elektrostatisch, wenn das Teilchen ruht, während bei Bewegung desselben sofort magnetische Kräfte hinzukommen. Geschieht nun die Bewegung fortwährend in derselben Richtung mit konstanter Geschwindigkeit, dann ist der Zustand insofern stationär, als das Elektron ein unveränderliches Feld mit sich führt. In allen anderen Fällen, also bei jeder Änderung der Geschwindigkeit, sei es der Richtung oder der Größe nach, haben wir es mit einer Strahlung zu tun.

Wenn Sie nun eine mathematische Darstellung der Elektronentheorie von mir verlangten, so hätte ich diese Behauptungen zu belegen mit den Formeln, die zur Bestimmung des Feldes dienen und auf welchen alle weiteren Entwicklungen beruhen. Ich glaube indes Ihrer Erwartung besser zu entsprechen, wenn ich statt dessen nur einige Worte sage von den Voraussetzungen, die man gemacht hat, um zu jenen Formeln zu gelangen. Eine Annahme ist, daß der Äther nicht nur den ganzen Raum zwischen den Elektronen füllt, sondern auch diese Teilchen, welchen wir eine gewisse Ausdehnung zuschreiben, durchdringt; auch im Innern eines Elektrons besteht ein elektromagnetisches Feld, das wir zugleich mit dem äußeren Felde bestimmen. Eine zweite Annahme, nicht weniger wichtig als jene erste, behauptet, daß, während die Elektronen sich bewegen, der Äther selbst nicht von der Stelle rückt. In diesem Mittel können zwar vielfache Zustandsänderungen stattfinden, die sich uns eben durch die elektromagnetischen Wirkungen kundgeben, eine Strömung desselben nach Art einer Flüssigkeit halten wir jedoch für ausgeschlossen. Diese Hypothese eines ruhenden Äthers wurde von Fresnel aufgestellt und hatte zunächst den Zweck, gewisse optische Erscheinungen in bewegten Körpern zu erklären. Gegenwärtig können wir zu ihren Gunsten auch elektromagnetische Beobachtungen heranziehen. Wenn nämlich nicht bloß, wie bei den Versuchen von Rowland, eine geladene Scheibe, sondern ein ganzer Plattenkondensator in Rotation versetzt wird, wobei wir uns die Drehungsachse senkrecht zu den Platten denken wollen, dann geht auch von dem Dielektrikum eine magnetische Wirkung aus, wie zuerst Röntgen gefunden hat. In Versuchen von Eichenwald hat es sich nun gezeigt, daß bei einem Apparat mit einem ponderabelen Dielektrikum diese Wirkung nicht der vollen dielektrischen Verschiebung entspricht. Wir müssen uns vielmehr vorstellen, daß die dielektrische Verschiebung (Maxwell's „dielectric displacement") aus zwei Teilen besteht, deren einer an der Materie haftet, der andere aber in dem Äther seinen Sitz hat. Nur der erste Teil bringt, indem er von der bewegten Materie mitgeführt wird, ein magnetisches Feld hervor.[1])

Ich komme jetzt auf die Kraft zu sprechen, welche auf ein Elektron wirkt; auch was diese betrifft, stellen wir uns ganz auf den Boden der Maxwell'schen Theorie. Die Kraft wird ausgeübt durch den Äther an der Stelle, wo das Elektron sich befindet, und wird direkt durch den Zustand dieses Äthers bestimmt; nur mittelbar hängt sie von den Elektronen ab, die das Feld erregt haben. Ist das Elektron in Ruhe, so erhält man die Kraft, welche es erleidet, wenn man die elektrische Kraft im Äther mit der Ladung des Elektrons multipliziert. Dagegen kommt, wenn das Teilchen sich bewegt, noch eine neue Kraft hinzu; diese steht senkrecht auf der durch die Bewegungsrichtung und die magnetische Kraft gelegten Ebene, und man erhält ihre Größe, wenn man die Ladung multipliziert mit der Geschwindigkeit, der magnetischen Kraft und dem Sinus des Winkels, den diese beiden Vektoren einschließen. Um die Richtung der Wirkung völlig anzugeben, denken wir uns in der genannten Ebene eine Drehung von weniger als 180°, welche die Richtung der Geschwindigkeit in die der magnetischen Kraft überführt und legen eine Uhr in solcher Weise in die Ebene, daß ihre Zeigerbewegung dem Sinne nach mit dieser Drehung übereinstimmt. Die auf das Elektron wirkende Kraft ist dann von dem Zifferblatt der Uhr nach der Rückseite, oder umgekehrt gerichtet, je nachdem die Ladung positiv oder negativ ist.

Im Allgemeinen, in einem beliebigen Felde, setzt sich nun die Wirkung, welche ein Elektron erleidet, aus den beiden genannten Teilen, die man als „elektrostatische" und „elektromagnetische" Kraft unterscheiden kann, zusammen. Durch Summierung der ersteren berechnen wir die Gesamtwirkung eines Feldes auf alle Elektronen in einem geladenen, oder auch in einem elektrisch polarisierten Körper, also alle elektrostatischen Kräfte. Aus dem zweiten Teile der Kraft erklären wir die elektrodynamischen Wirkungen, sowie alle Induktionserscheinungen in ponderabelen Körpern.

Während wir so den Grundsätzen der Maxwell'schen Theorie treu geblieben sind, gehen wir mit der Annahme der Elektronen über Maxwell hinaus. Damit hängt auch die Bedeutung zusammen, welche der Äther in der neueren Theorie hat. Er ist nicht mehr ein Dielektrikum wie jedes andere, nur mit einer kleineren dielektrischen Konstante, sondern ein Dielektrikum ganz besonderer Art, eigentlich das einzige Medium, das wir uns vorstellen, da ja alle Körper von demselben durchdrungen sind und also alle Kräfte durch ihn vermittelt werden. Wenn wir annehmen dürften, daß zwischen zwei aufeinander wirkenden Molekülen oder Atomen immer noch eine kleine Entfernung besteht, so könnten wir behaupten, daß nie eine Kraftwirkung stattfindet, bei der der Äther nicht im Spiel ist. Das gilt nicht nur von den elektrischen und magnetischen Anziehungen und Abstoßungen, sondern ebenso gut von allen Molekularkräften und chemischen Wirkungen, von dem Druck, den wir auf einen Gegenstand ausüben, und von der Kraft, mit der ein gestrecktes Seil sich zusammenzieht. Was aber die speziellen Eigenschaften der ponderabelen Dielektrika betrifft, wodurch sie sich von dem Äther unterscheiden, so erklären wir diese aus der Annahme, daß die Moleküle Elektronen enthalten, welche an Gleichgewichtslagen gebunden sind, aber durch elektrische Kräfte daraus verschoben werden können. Hat diese Verschiebung stattgefunden, so sagen wir, der Körper sei elektrisch polarisiert, und in dieser Polarisation besteht eben der eine, an der Materie haftende Teil der dielektrischen Verschiebung, von dem bereits die Rede war.

Im weiteren Verlaufe unserer Betrachtungen werde ich noch Gelegenheit finden, Ihnen an Beispielen die Zweckmäßigkeit und Fruchtbarkeit der Elektronenhypothese zu zeigen. Für den Augenblick will ich nur sagen, daß wir uns den Molekulartheorien in der Physik und der chemischen Atomistik aufs Engste anschließen, speziell der Theorie der Jonen, die in der Erklärung der Erscheinungen der Elektrolyse so Vieles geleistet hat und der Lehre von den Gasionen, die uns in den Stand setzt, die rätselhaften Entladungserscheinungen dem Verständnis erheblich näher zu bringen.

Zugegeben muß freilich werden, daß wir bei unseren Bestrebungen, den Mechanismus der Erscheinungen zu enträtseln, nur die allerersten Schritte getan haben und wenn wir weiter gehen wollen, immer auf der Hut sein müssen, uns nicht in theoretische Spekulationen zu verlieren. Ebenso muß anerkannt werden, daß in vielen Fällen andere Wege, auf welchen man sich so viel wie möglich an allgemeine, von Jedem angenommene Grundsätze hält, mit gleichem, oder sogar mit besserem Erfolg eingeschlagen werden können; hierher gehören z. B. alle thermodynamischen Betrachtungen. Einen eigentümlichen Reiz hat es ferner, unbekümmert um den verborgenen Mechanismus der Vorgänge, ein großes Gebiet von Erscheinungen in ein System weniger Gleichungen zusammenzufassen, eine Methode, die z. B. Voigt und Cohn mit dem glücklichsten Resultat angewandt haben und mittels welcher der erste dieser Physiker auf magneto-optischem Gebiet zu Schlüssen gekommen ist, die der Elektronentheorie noch entgangen waren.

Indes, solche Erwägungen mögen uns davor warnen, eine bestimmte Auffassung der Erscheinungen für die beste oder befriedigendste zu erklären, sie dürfen uns nicht abhalten, auf dem Wege, der uns am aussichtsvollsten erscheint, möglichst weit vorzudringen. Die Wissenschaft kann nur dabei gewinnen, wenn ein Jeder das auf seine Weise tut.

Was ich Ihnen jetzt, nach diesen einleitenden Betrachtungen, zu sagen habe, bezieht sich teils auf Elektronen, die sich frei im Äther bewegen, teils auf solche, die in den ponderablen Körpern eingeschlossen sind, wobei ich die Bemerkung einflechten will, daß, was diese letzteren betrifft, auch von denjenigen geladenen Teilchen, die man gewöhnlich Ionen nennt, die Rede sein wird.

Mit freien Elektronen haben wir es zu tun bei den Kathodenstrahlen, den Kanalstrahlen und den Becquerelstrahlen. Die ersten dürften allgemein bekannt sein. Die Kanalstrahlen, die von Goldstein entdeckt worden sind, treten unter geeigneten Umständen auf, wenn man mit einem Entladungsrohr mit durchlöcherter Kathode arbeitet, und zwar entstehen sie dann auf der Rückseite der Kathode, das heißt auf der von der Anode abgewendeten Seite und gehen eben von den Löchern aus. Es sind gleichsam Strahlen, die, an der Anode gebildet, diese Löcher durchsetzen. Was schließlich die Becquerelstrahlen betrifft, so ist die Entdeckung dieser wundervollen Erscheinungen gerade zur rechten Zeit für die Elektronentheorie gekommen; sie haben neue Prüfsteine für die Theorie geliefert und wir verdanken denselben Aufschlüsse von der höchsten Wichtigkeit über die Natur der Elektronen. Ich werde speziell von den Radiumstrahlen reden und erinnere Sie daran, daß man drei Arten derselben unterscheidet, die man als α-, β- und γ-Strahlen bezeichnet. Von diesen haben die α-Strahlen das geringste, die γ-Strahlen das größte Durchdringungsvermögen.

Daß nun die genannten Strahlungen mit höchstens einer einzigen Ausnahme[2] aus Elektronen bestehen, die in der Strahlrichtung weiter fliegen, und durch ihren Anprall auf die zur Untersuchung dienende Platte einen photographischen Eindruck oder eine Fluorescenz hervorrufen, hat man aus verschiedenen Erscheinungen geschlossen. In einigen Fällen unmittelbar daraus, daß die Strahlen einem Körper, von dem sie aufgefangen werden, eine gewisse elektrische Ladung mitteilen, und daß dagegen der Körper, von dem sie ausgegangen sind, mit einer entgegengesetzten Ladung zurückbleibt. Für meinen Zweck kommen indes hauptsächlich die Änderungen in Betracht, welche ein elektrisches oder magnetisches Feld in den Lauf der Strahlen bringt. Denken Sie sich zunächst, ein Elektron bewege sich in einem homogenen elektrischen Felde, dessen

Kraftlinien senkrecht zu der ursprünglichen Bewegungsrichtung stehen, etwa in unserer Zeichnung (Fig. 1) nach rechts laufen. Hat dann im Punkte O das Elektron eine nach oben gerichtete

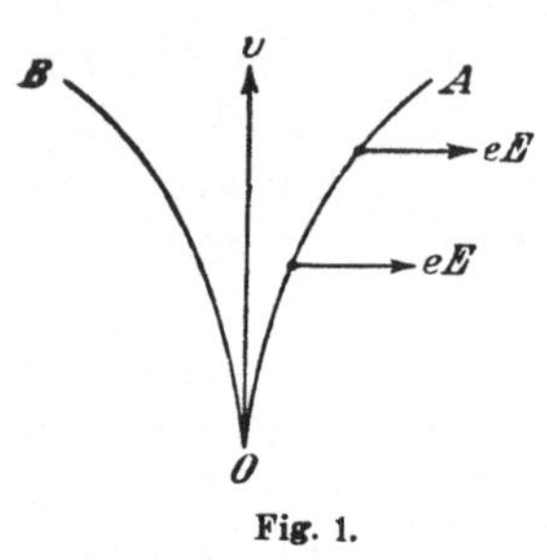

Fig. 1.

Geschwindigkeit v, und hat es positive Ladung, so wird es unter dem Einflusse der konstanten, nach rechts wirkenden Kraft eine Parabel wie OA beschreiben. Dagegen erhielte man eine Kurve OB von entgegengesetzter Krümmung, wenn die Ladung negativ wäre. Ist e die Ladung, E die Stärke des Feldes, m die Masse des Elektrons, so ist die konstante Beschleunigung $\dfrac{e\,E}{m}$, und man berechnet den Krümmungsradius r der Bahn im Punkte O aus der Gleichung

$$\frac{v^2}{r} = \frac{e\,E}{m}, \qquad\qquad\qquad (1)$$

sodaß man aus den Beobachtungen, in welchen r und E gemessen werden können, den Wert von

$$\frac{e}{m\,v^2} \qquad\qquad\qquad (2)$$

ableiten kann.

Eine ähnliche Richtungsänderung wie in einem elektrischen, erleiden die Strahlen auch in einem magnetischen Felde, nur daß jetzt, wenn die Strahlrichtung ursprünglich senkrecht zu den Kraftlinien steht, der Strahl in einer Ebene senkrecht zu diesen Linien verläuft. Denken wir uns, wie in Fig. 2, die Kraftlinien eines homogenen Feldes senkrecht zur Ebene der Zeichnung und zwar nach vorn gerichtet, so wird ein ursprünglich nach oben fliegendes Teilchen eine nach rechts abbiegende Bahn OD beschreiben, wenn es positive, eine nach links abbiegende dagegen, wenn es negative Ladung hat. Die Geschwindigkkeit v bleibt jetzt,

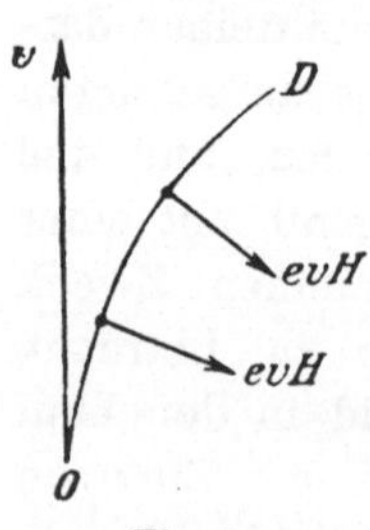

Fig. 2.

da die Kraft fortwährend senkrecht zur Bewegungsrichtung steht, konstant; infolgedessen bleibt auch die Größe der Kraft ungeändert, sodaß ein Kreis beschrieben wird. Beachtet man, daß die Kraft durch den Ausdruck

$$e \, v \, H$$

gegeben wird, wo H die magnetische Feldstärke bedeutet, dann erhält man zur Bestimmung des Radius r die Formel

$$\frac{v^2}{r} = \frac{e \, v \, H}{m}, \quad \ldots \ldots \ldots \ldots \quad (3)$$

mittels welcher man, sobald man die Feldstärke H und die Krümmung gemessen hat, den Wert von

$$\frac{e}{m \, v} \quad \ldots \ldots \ldots \ldots \quad (4)$$

berechnen kann.

Sie ersehen hieraus, daß man (wenigstens wenn über die Bewegungsrichtung kein Zweifel besteht), aus der Beobachtung des Sinnes, in welchem entweder die elektrische oder die magnetische Ablenkung stattfindet, das Vorzeichen der elektrischen Ladung ableiten kann. Ferner, und das ist höchst merkwürdig, daß man, sobald für dieselbe Art Strahlen die beiden Ablenkungen gemessen worden sind, die Werte der Geschwindigkeit v und des Verhältnisses $\frac{e}{m}$ angeben kann. Kennt man nämlich die Ausdrücke (2) und (4), so lassen sich daraus v und $\frac{e}{m}$ berechnen.

Es gibt auch Fälle, in welchen schon die Beobachtung der Wirkung eines magnetischen Feldes an sich ausreicht, um das Verhältnis $\frac{e}{m}$ zu bestimmen. Die erste der betreffenden Erscheinungen, bei welchen man es freilich nicht mehr mit freien Elektronen zu tun hat, ist die von Zeeman entdeckte Änderung, welche die Schwingungsdauer der ausgesandten Strahlen dann erleidet, wenn eine gasförmige Lichtquelle sich in einem magnetischen Felde befindet. Zu der einfachsten Vorstellung über die Emission gelangen wir, wenn wir uns in jedem Molekül des leuchtenden Gases ein einziges bewegliches Elektron denken, welches, sobald es um eine gewisse Strecke r aus der Gleichgewichtslage verschoben ist, durch eine mit dieser Strecke proportionale Kraft nach jener Lage hin zurückgetrieben wird. Schreiben wir für diese Kraft $K = k\,r$, wo k eine Konstante bedeutet, so ist die Schwingungsdauer des Elektrons nach einfachen Gesetzen der Mechanik

$$T = 2\,\pi\,\sqrt{\frac{m}{k}},$$

wofür wir auch schreiben können

$$n = \sqrt{\frac{k}{m}}, \quad \cdots \cdots \quad (5)$$

wenn wir mit n die Frequenz, d. h. die Zahl der Schwingungen in der Zeit $2\,\pi$, bezeichnen. Eben diese selbe Frequenz hat auch die Strahlung, welche das Teilchen wegen seiner Geschwindigkeitsänderungen bewirkt.

Betrachten Sie jetzt eine kreisförmige Schwingung (Fig. 3) in einer Ebene, die senkrecht zu der magnetischen Kraft H steht. Bei einer solchen kommt neben der Kraft $K = k\,r$, die nach dem Mittelpunkte C des Kreises hin gerichtet ist, noch eine Kraft $F = e\,v\,H$, oder, da $v = \dfrac{2\,\pi\,r}{T} = n\,r$ ist, eine Kraft

$$F = e\,n\,H\,r$$

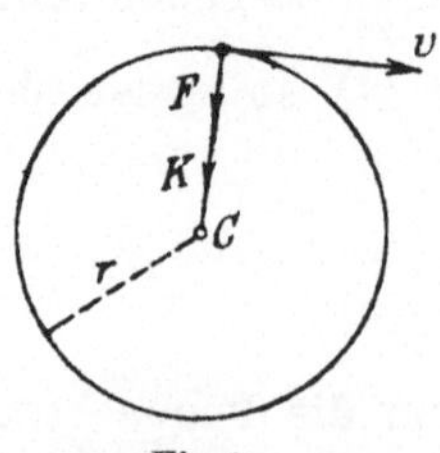

Fig. 3.

in Betracht. Diese hat entweder die gleiche oder die entgegengesetzte Richtung wie die Kraft K. Das hängt von der Richtung der Bewegung, der Richtung des magnetischen Feldes und dem Vorzeichen der Ladung e ab. Diese neue Kraft ist in Wirklichkeit sehr klein im Vergleich zu der Kraft $k\,r$; wir dürfen somit sagen, daß die Konstante k die kleine Änderung $\delta k = e\,n\,H$ erleidet. Dem entspricht nach der Gleichung (5) eine Änderung der Frequenz

$$\delta n = \frac{1}{2}\,H\,\frac{e}{m}, \quad\ldots\ldots\quad (6)$$

die in dem einen oder dem anderen Sinne erfolgen kann. Wird die Schwingungszeit vergrößert für die eine Bewegungsrichtung, so wird sie verkleinert für die entgegengesetzte.

Es ist ferner zu beachten, daß das magnetische Feld auf ein Elektron, das sich längs einer Kraftlinie bewegt, keine Kraft ausübt, und daß somit Schwingungen unseres Teilchens, die parallel zu den Kraftlinien, also senkrecht zu unserer Zeichnung, verlaufen, gar nicht von dem Felde affiziert werden. Da nun beliebige Schwingungen in solche geradlinige und zwei entgegengesetzt cirkulare in der Ebene der Zeichnung zerlegt werden können, so dürfen wir schließen, daß unter dem Einfluß des Feldes statt der einen Schwingungszahl n, drei Schwingungszahlen n, $n + \delta n$, $n - \delta n$ auftreten, daß man also bei spektraler Zerlegung des Lichtes nicht mehr eine einfache Linie, sondern eine dreifache, ein Triplet von Linien zu sehen bekommt. Das hat Zeeman auch in der Tat beobachtet, wobei ich Sie indes darauf aufmerksam machen muß, daß dies nur die einfachste Form des nach ihm genannten Phänomens ist; die meisten Spektrallinien werden in komplizierterer Weise zerlegt.

Hat man es wirklich mit einem Triplet zu tun, so liefert die Messung der Entfernung der Komponenten den Wert von δn; aus der Formel (6) kann man sodann, wenn auch die Feldstärke H bekannt ist, den Wert von $\frac{e}{m}$ ableiten. In dieser Weise hat Zeeman die erste Bestimmung dieses Verhältnisses gemacht. Auch konnte er aus seinen Beobachtungen ableiten, ob das bewegliche Elektron, das durch seine Schwingungen die Lichtstrahlen hervorbringt, positive oder negative Ladung hat.

Wie ich bereits in der Einleitung bemerkte, stellen wir uns in den Molekülen jedes ponderabelen Körpers Elektronen vor, die in Mitschwingung geraten, sobald der Körper von einem Lichtstrahl getroffen wird. Die Ursache der Bewegung ist hierbei in den fortwährend wechselnden elektrischen Kräften, welche in dem Lichtstrahl bestehen, zu suchen. In welchem Maße nun das Mitschwingen stattfindet, und welchen Einfluß es auf die Lichtbewegung in dem Körper, namentlich auf die Fortpflanzungsgeschwindigkeit hat, das hängt von der Größe der Kräfte ab, welche die Elektronen nach ihren Gleichgewichtslagen zurückzutreiben bestrebt sind. Denken Sie sich jetzt, der Körper befinde sich in einem magnetischen Felde und werde in der Richtung der Kraftlinien von rechts- oder linkscirkular polarisiertem Licht durchlaufen, d. h. von Strahlen, in welchen kreisförmige Schwingungen, senkrecht zu der Strahlrichtung, stattfinden. Die auf ein mitschwingendes Elektron wirkende, auf den Mittelpunkt seiner kreisförmigen Bahn gerichtete Kraft wird dann in derselben Weise, wie wir bei Besprechung des Zeemanphänomens erörtert haben, bei der einen Bewegungsrichtung durch den Einfluß des Feldes vergrößert und bei der anderen verkleinert. Daraus entsteht eine Ungleichheit in den Fortpflanzungsgeschwindigkeiten rechts und links cirkular polarisierten Lichtes, eine Ungleichheit, die sich nach einem bekannten Satze der Optik darin äußert, daß die Schwingungsrichtung eines geradlinig polarisierten Lichtstrahls gedreht wird, während er den Körper durchläuft. Diese längst bekannte Tatsache hat also im Grunde dieselbe Ursache wie der Zeemaneffekt und es wird begreiflich, daß man sie ebenso wie letzteren zur Bestimmung von $\dfrac{e}{m}$ verwenden kann. Siertsema hat einige Werte dieser Größe aus den gemessenen Drehungswinkeln abgeleitet.

Bis jetzt war immer von dem Verhältnisse $\dfrac{e}{m}$ die Rede. Was den Wert von e selbst betrifft, d. h. die Größe der elektrischen Ladung eines einzelnen Teilchens, so hat J. J. Thomson in Cambridge diesen für Gasionen in verschiedenen Fällen nach seiner sinnreichen Nebelmethode bestimmt. Enthält das ionisierte Gas Wasserdampf, so entsteht, wie von C. T. R. Wilson entdeckt wurde, bei der durch adiabatische Expansion herbeigeführten Abkühlung ein Nebel, wobei die Ionen als Kondensationskerne wirksam sind. Man darf annehmen, daß sich um jedes Ion ein Wassertröpfchen bildet. Die Größe dieser Tröpfchen leitet Thomson aus der Fallgeschwindigkeit des Nebels ab, wobei er das theoretische Ergebnis benutzt, daß eine kleine in der Luft fallende Kugel eine Endgeschwindigkeit erreicht, die in leicht angebbarer Weise von dem Gewichte der Kugel, ihrem Radius und dem Reibungskoeffizienten der Luft abhängt. Kennt man ferner die Menge des kondensierten Dampfes, so liefert eine einfache Division die Anzahl der Wassertröpfchen, also auch die Anzahl der Ionen; man braucht also nur noch, was in der Tat möglich ist, die Gesamtladung derselben in absoluten Einheiten zu bestimmen, um auch die Ladung jedes einzelnen Ions angeben zu können.

Wenn ich Sie nun noch daran erinnert habe, daß man für die Ionen in Elektrolyten das Verhältnis $\frac{e}{m}$ von Ladung und Masse aus dem elektrochemischen Äquivalent ableiten kann, und daß die kinetische Gastheorie eine Schätzung der Masse eines solchen Ions ermöglicht, wodurch dann auch die Ladung e bekannt wird, so kann ich dazu übergehen, Ihnen Einiges über die Resultate, zu welchen man gekommen ist, und von den darauf basierten Schlüssen und Hypothesen mitzuteilen.

Einige für $\frac{e}{m}$ erhaltene Werte habe ich in Tabelle I zusammengestellt, aus der Sie zu gleicher Zeit ersehen, in welchen Fällen man es mit negativen, und in welchen mit positiven Elektronen zu tun hat. Diesen Zahlenangaben, von welchen übrigens viele nur die Größenordnung zeigen sollen, und ebenso allen späteren, liegen das C. G. S.-System und die gebräuchlichen elektromagnetischen Einheiten zu Grunde.[3]

Tabelle I.

	$\dfrac{e}{m}$	v
Wasserstoffionen	9650	
Negative Elektronen.		
Zeemaneffekt	1,6—3	
Drehung der Polarisationsebene . . .	0,9—1,8	
Kathodenstrahlen, Simon	1,86	
„ andere Beobachter .	0,7—1,4 $\Big\} \times 10^7$	0,1—0,3
Ultraviolett bestrahlte Zinkplatte . . .	0,7	
β-Strahlen	1,75 *	bis zu 0,95
Positive Elektronen.		
Kanalstrahlen	300—9000	
α-Strahlen	6000	0,07

* Diese Zahl gilt für kleine Geschwindigkeiten.

Es fällt nun sofort auf, daß die Werte von $\dfrac{e}{m}$ für die negativen Elektronen viel größer sind als für die positiven und daß die Zahlen für die ersten Teilchen sich innerhalb ziemlich enger Grenzen bewegen. Dies hat zu der Annahme geführt, daß die in den untersuchten Fällen in Betracht kommenden negativen Elektronen überhaupt, sowohl in Masse als auch in Ladung, nur wenig von einander verschieden seien.

Was die Größe der Ladungen betrifft, so möge zunächst erwähnt werden, daß man auf Grund molekulartheoretischer Betrachtungen die Masse eines Wasserstoffions auf ungefähr 10^{-24} Gramm geschätzt hat, woraus sich in Verbindung mit dem elektrochemischen Äquivalent für die Ladung eines solchen Ions der Wert

$$e = 10^{-20}$$

ergibt. Es ist nun merkwürdig, daß die Versuche von Thomson für Gasionen Werte geliefert haben, die innerhalb der Grenzen der Beobachtungsfehler mit dieser Zahl übereinstimmen.

Sie wissen, daß in den Elektrolyten alle einwertigen Ionen, seien es positive oder negative, Ladungen von gleichem numerischen Betrag haben und daß zwei-, dreiwertige Ionen usw. Ladungen tragen, die das Doppelte, das Dreifache usw. von denen der einwertigen sind. Diese Gesetze haben schon vor langer Zeit zu der Ansicht geführt, die Ladung eines einwertigen Ions sei ein wirkliches Elementarquantum, ein „Atom" gleichsam, von Elektrizität, von welchem nur Vielfache, aber keine Bruchteile vorkommen. Mit dieser Auffassung stehen die Resultate von Thomson in gutem Einklang, und so gelangen wir zu der Hypothese: Es gibt in der Natur ein bestimmtes elektrisches Elementarquantum und nicht nur ein einwertiges Ion, sondern auch die untersuchten Gasionen und ebenso die negativen Elektronen tragen ein solches als Ladung. Was die Erweiterung dieser Hypothese auf die negativen Elektronen betrifft, so ist zu bemerken, daß eine direkte Messung der Ladung eines solchen bis jetzt nicht gelungen ist. Es liegt aber nahe, diese Elektronen als die einfachsten Gebilde, die es gibt, zu betrachten und denselben dementsprechend die kleinste Ladung, die je vorkommt, zuzuschreiben. Dazu kommt, daß e i n e Bestimmung von $\frac{e}{m}$ und e i n e Messung von e sich auf die geladenen Teilchen beziehen, die in das umgebende Gas gebracht werden, wenn eine negativ geladene Zinkplatte ultraviolett bestrahlt wird; nur war bei dem einen Versuche das Gas mehr verdünnt als bei dem anderen. Ist der Druck sehr niedrig, dann entstehen wirkliche Kathodenstrahlen, wie das auch der Wert von $\frac{e}{m}$ in unserer Tabelle bestätigt. Bei höherem Druck dagegen hat man es mit Gasionen zu tun; wenn man sich aber vorstellt, daß diese dadurch entstehen, daß negative Elektronen der ursprünglichen Kathodenstrahlen eine gewisse Anzahl von Luftmolekülen an sich fesseln, so muß die Ladung des Gasions die gleiche sein wie die des Elektrons, welches den Kern desselben bildet.

Übrigens sprechen auch optische Erscheinungen dafür, daß die Ladung eines Elektrons von derselben Größenordnung wie die eines elektrolytischen Ions ist. [4])

Ich brauche Ihnen kaum zu sagen, daß, wenn wir einmal die Existenz bestimmter untereinander gleicher elektrischer Elementarquanta angenommen haben, auch die Ladungen positiver Elektronen oder Ionen in diesen natürlichen Einheiten ausgedrückt, nur die Werte 1, 2 usw. haben können.

Wir sind jetzt im Stande, aus dem Angeführten wichtige Schlüsse, die Masse der Elektronen und Ionen betreffend, zu ziehen. Sehen wir zur Vereinfachung von denjenigen Fällen, in welchen die Ladung aus zwei oder mehr Elementarquanten besteht, ab, und setzen also e für alle Elektronen und Ionen gleich, so sind die Massen m den Werten von $\dfrac{e}{m}$ umgekehrt proportional. Folglich ist die Masse eines negativen Elektrons nur ein kleiner Bruchteil von der eines Wasserstoffatoms, wenn wir den von Simon für $\dfrac{e}{m}$ gefundenen Wert zugrunde legen, etwa der 2000 ste Teil, die Masse eines positiven Elektrons, wie diese in den Kanalstrahlen und den α-Strahlen des Radiums vorkommen, von derselben Größenordnung wie die Massen der chemischen Atome. Es scheint also, daß die Elektronen durch die Zerlegung eines Atoms in zwei geladene Teilchen entstehen, ein positives, dem fast die ganze Masse zuteil fällt, und ein negatives, welches nur einen kleinen Bruchteil davon erhält.

Ich habe in Tabelle I auch einige Angaben über die Geschwindigkeit der freien Elektronen aufgenommen, und zwar ist dabei als Einheit die Geschwindigkeit des Lichtes gewählt. Während nun die positiven Elektronen weit hinter dieser zurückbleiben, kommen bei den negativen sehr große Werte vor. Besonders merkwürdig ist, auch was diesen Punkt betrifft, die Strahlung des Radiums. Ein Radiumsalz sendet zu gleicher Zeit negative Teilchen mit sehr großer, und positive mit viel kleinerer Geschwindigkeit aus. Ein magnetisches Feld trennt die Strahlen von einander, wie Sie es in der schematischen Figur 4 sehen, in welcher wir uns wieder die magne-

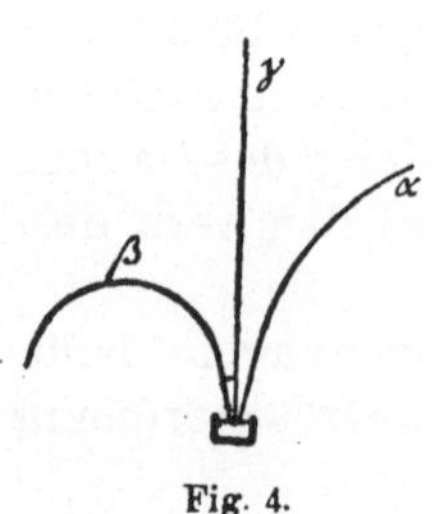

Fig. 4.

tischen Kraftlinien senkrecht zur Ebene der Zeichnung zu denken haben. Das Feld lenkt die α- und β-Strahlen nach entgegengesetzten Seiten ab, während die dritte Art, die γ-Strahlen, ihren Weg ungestört verfolgen.

Von den schönen Untersuchungen von Kaufmann über die elektrische und magnetische Ablenkung der Radiumstrahlen habe ich bis jetzt geschwiegen, da ich Sie vorher mit dem Problem bekannt machen möchte, das in diesen Untersuchungen seine Lösung gefunden hat. Wir sahen bereits, daß ein Elektron im allgemeinen eine Kraftwirkung erleidet, sobald es sich in einem elektromagnetischen Felde befindet. Nun besteht jedenfalls das eigene Feld des Elektrons und wir fragen somit: hat auch dieses eine Kraft zur Folge? Die Berechnung lehrt, daß dies in der Tat der Fall ist, sobald das Elektron eine andere als eine gleichförmige geradlinige Bewegung hat. Bezeichnen wir mit q_1 die Beschleunigung in der Bewegungsrichtung, mit q_2 die Beschleunigung senkrecht zu dieser, so findet man, daß der Äther zwei Kräfte auf das Elektron ausübt, die diesen Beschleunigungen entgegengesetzt und ihren Größen proportional sind; für die eine Kraft wollen wir $m_1 q_1$, für die andere $m_2 q_2$ schreiben. Hier sind m_1 und m_2 gewisse Koeffizienten, die von der Größe des Elektrons, der Ladung und überdies von der Geschwindigkeit abhängen. Will ich nun dem Elektron eine bestimmte Bewegung erteilen, so muß ich zunächst, wenn m_0 die Masse in dem gewöhnlichen Sinne des Wortes ist, ebenso wie bei einem gewöhnlichen materiellen Punkte, die Kräfte $m_0 q_1$ und $m_0 q_2$ wirken lassen; überdies muß ich aber noch die soeben genannten Kräfte überwinden. Im ganzen ist also in der Bewegungsrichtung eine äußere Kraft

$$(m_0 + m_1)\, q_1$$

und senkrecht zu derselben eine Kraft

$$(m_0 + m_2)\, q_2$$

erforderlich. M. a. W. das Elektron verhält sich, was die Tangentialbeschleunigung betrifft, als ob die Masse $m_0 + m_1$, und was die Normalbeschleunigung anbelangt, als ob sie

$m_0 + m_2$ wäre. Wir wollen m_0 die wahre Masse, m_1 bez. m_2 die scheinbare, oder elektromagnetische Masse, $m_0 + m_1$, oder $m_0 + m_2$ die effektive Masse nennen; dabei können wir noch füglich m_1 als longitudinale und m_2 als transversale elektromagnetische Masse bezeichnen. Daß von einer elektromagnetischen Masse die Rede sein kann, können Sie übrigens, wenn es sich um eine Beschleunigung in der Bewegungsrichtung handelt, auch leicht in anderer Weise erkennen. Wenn ich nämlich einem Elektron eine gewisse Geschwindigkeit mitteilen will, so muß ich auch das dieser Geschwindigkeit entsprechende Feld hervorrufen; hierzu ist, da das Feld Energie enthält, ein Arbeitsaufwand erforderlich und es kommt also auf dasselbe heraus, als wenn die Masse etwas größer wäre.

Es ist nun eine wichtige Frage, inwiefern die effektive Masse, deren Verhältnis zur Ladung man aus den Beobachtungen ableiten kann, wahre und inwiefern sie elektromagnetische Masse ist. Die Möglichkeit hierüber zu entscheiden beruht auf dem Umstande, daß die elektromagnetischen Massen m_1 und m_2 keine Konstanten sind, sondern von der Geschwindigkeit des Elektrons abhängen. Ist diese klein, so haben für ein kugelförmiges Elektron vom Radius R, dessen Ladung e gleichförmig über die Oberfläche verteilt ist, sowohl m_1 als auch m_2 den Wert $\dfrac{2}{3}\dfrac{e^2}{R}$; für größere Geschwindigkeiten steigen die Werte und zwar so rasch, daß sie unendlich groß sein würden, wenn eine Geschwindigkeit, gleich der des Lichtes erreicht wäre.

M. Abraham, der sich überhaupt um die Dynamik des Elektrons sehr verdient gemacht hat, hat Formeln für m_1 und m_2 entwickelt.[5]) Das Resultat der Untersuchungen von Kaufmann ist nun, daß die transversale effektive Masse $m_0 + m_2$ innerhalb der Grenzen der Beobachtungsfehler sich in demselben Maße mit der Geschwindigkeit ändert, wie die elektromagnetische Masse m_2 dies nach den Formeln tun soll. Man darf daher annehmen, daß die negativen Elektronen keine wahre, sondern nur elektromagnetische Masse besitzen, daß sie gleichsam nur Ladung, ohne Materie sind, oder was dasselbe ausdrückt, daß man es bei einem bewegten negativen Elektron mit keiner anderen Energie als der elektromagnetischen Energie des Feldes zu tun hat [6]).

Ich kann nicht umhin, Ihnen von der Methode von Kaufmann noch Einiges mitzuteilen. Sie bestand in der Messung der elektrischen und magnetischen Ablenkung der β-Strahlen. Diese haben sehr verschiedene Geschwindigkeiten, sodaß man durch Versuche mit einem und demselben Radium-präparat die Werte von $\dfrac{e}{m}$ für allerhand Geschwindigkeiten bestimmen kann. Um nun angeben zu können, welche elektrischen und magnetischen Ablenkungen zusammengehören, d. h. welche bei derselben Gruppe von Elektronen vorkommen, brachte Kaufmann die beiden Ablenkungen zu gleicher Zeit hervor. Denken Sie sich, in dem Raume zwischen uns bestehe ein elektrisches und auch ein magnetisches Feld, beide mit horizontalen, für Sie von rechts nach links laufenden Kraftlinien. Werden dann von einem Punkte hier in meiner Nähe β-Strahlen ausgesandt nach einem mir gerade gegenüberliegenden Punkt hin, dann werden diese von der elektrischen Kraft in horizontaler Richtung, und zwar, da die Ladungen negativ sind, nach Ihrer rechten Seite, und von der magnetischen Kraft nach oben abgelenkt. Fallen die Strahlen auf einen Schirm, der senkrecht zu ihrer ursprünglichen Richtung steht, und legt man (Fig. 5) in diesem Schirm Koordinatenachsen, die eine vertikal, die andere horizontal, durch den Punkt O, in den die unabgelenkten Strahlen gelangen würden, so liefern die Koordinaten des in Wirklichkeit getroffenen Punktes P ein Maß für die beiden Ablenkungen. Sowohl $O\,A$, als auch $O\,B$ hängen von der Geschwindigkeit der Elektronen ab, und sind nun Strahlen von verschiedener Geschwindigkeit zu gleicher Zeit vorhanden, so reihen sich die getroffenen Punkte zu einer Kurve $O\,P\,Q$ aneinander.

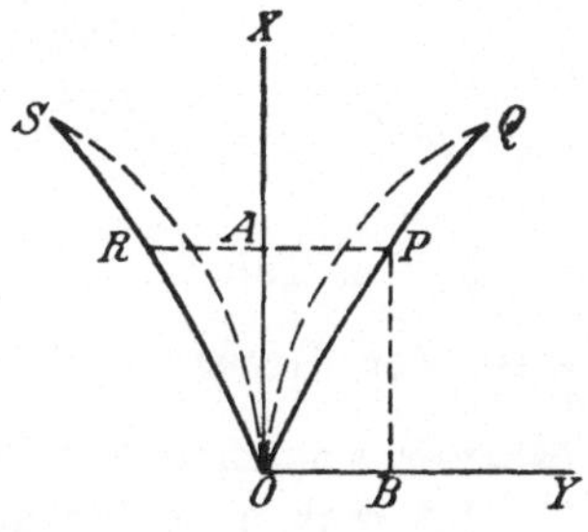

Fig. 5.

Diese, oder ihre Verlängerung, läuft auf den Punkt O zu, wie daraus erhellt, daß für Lichtgeschwindigkeit beide Ablenkungen Null werden.

Indem nun Kaufmann als Schirm eine photographische Platte benutzte, die er in kleiner Entfernung von der Ausgangsstelle der Strahlen aufstellte, war es ihm möglich, die Koordinaten der Kurve an verschiedenen Stellen auszumessen und daraus mittels der bereits angeführten Formeln Schlüsse über die Werte von $\frac{e}{m}$ bei verschiedenen Geschwindigkeiten zu ziehen. Es zeigte sich, daß bei wachsender Geschwindigkeit $\frac{e}{m}$ abnimmt. Da wir nun die Ladung e als konstant betrachten, so schloß Kaufmann auf eine Zunahme von m, und zwar entsprach diese der Zunahme, welche die Formel von Abraham für die elektromagnetische Masse m_2 ergibt.

Folgende kleine Tabelle möge Ihnen von diesen Änderungen der effektiven Masse eine Idee geben; in der ersten Spalte steht die Geschwindigkeit, wieder in der Lichtgeschwindigkeit als Einheit ausgedrückt.

Tabelle II.

Geschwindig-keit	$\frac{e}{m}$	
0,79	1,21	
0,83	1,13	
0,86	1,07	$\times\ 10^7$
0,91	0,93	
0,94	0,83	

Der in Tabelle I für die β-Strahlen angegebene Wert von $\frac{e}{m}$ ist der Grenzwert, dem sich dieses Verhältnis bei fortgesetzter Abnahme der Geschwindigkeit nähert.

Ich muß noch hinzufügen, erstens daß in Wirklichkeit die Versuchsanordnung nicht ganz so einfach war, wie ich sie hier geschildert habe, und zweitens daß Kaufmann die doppelten statt der einfachen elektrischen Ablenkungen bestimmt hat. Zu diesem Zwecke kehrte er nach einiger Zeit das elektrische Feld um; dadurch erhielt er einen zweiten Ast ORS der Kurve und es wurde nun für verschiedene Werte der Koordinate OA die Entfernung PR gemessen.

Obgleich es uns zu weit führen würde, auf die Berechnungen von Kaufmann einzugehen, wollen wir doch die Gestalt der Kurven etwas näher betrachten. In erster Annäherung dürfen wir annehmen, auch bei der wirklichen Versuchsanordnung, daß die Koordinaten $OA = x$ und $OB = y$ den Krümmungen proportional sind, welche die Bahn der nach P fliegenden Elektronen im Ausgangspunkte infolge des magnetischen bezw. des elektrischen Feldes besitzt. Daraus folgt, mit Rücksicht auf die Gleichungen (1) und (3), wenn wir den Buchstaben e, m, v, E, H wieder die frühere Bedeutung beilegen, und unter a und b Konstanten verstehen,

$$x = \frac{a\,e\,H}{m\,v}, \quad y = \frac{b\,e\,E}{m\,v^2}.$$

Substituiert man hierin für v verschiedene Werte, so erhält man die Koordinaten verschiedener Punkte der Kurve. Die Gestalt dieser letzteren hängt davon ab, in welcher Weise m sich mit v ändert. Offenbar wäre y der zweiten Potenz von x proportional, wenn m konstant bliebe; die Kurven wären dann Parabeln, wie sie in Fig. 5 durch die gestrichelten Linien angedeutet sind. Das Resultat von Kaufmann beruht nun eben darauf, daß die Kurven von Parabeln, und zwar in der Richtung, welche die Figur zeigt, abweichen. Da nach obigen Gleichungen

$$y = \frac{b\,E}{a^2\,e\,H^2}\,m\,x^2,$$

so wächst, wenn einem kleineren v, und also einem größeren x, ein kleineres m entspricht, y weniger rasch als x^2.

Es möge noch erwähnt werden, daß die Dimensionen der in Wirklichkeit erhaltenen Figur noch kein Centimeter betrugen, und daß die photographische Platte sich in einer Entfernung von einigen Centimetern von der Quelle der Strahlen, einem Milligramm Radiumbromid, befand. Mit Recht kann man also sagen, daß hier mit kleinen, ich meine der Dimension nach kleinen Mitteln Großes geleistet worden ist.

Das Resultat von Kaufmann ist wohl geeignet, zu neuen Untersuchungen anzuregen. In dieser Hinsicht möchte ich erwähnen, daß verschiedene Erscheinungen bei bewegten Systemen mich auf die Vermutung geführt haben, daß ein im Zustande der Ruhe kugelförmiges Elektron, sobald es sich bewegt, in der Bewegungsrichtung abgeplattet werde, sodaß es zu einem Ellipsoid wird, und zwar würde es sich umsomehr einer flachen Scheibe nähern, je weniger die Geschwindigkeit von der des Lichtes verschieden ist. Diese Annahme eines deformierbaren Elektrons, die ich übrigens mit allem Vorbehalt erwähne, da ihre weitere Verfolgung zu großen Schwierigkeiten führt, liefert Ausdrücke für die elektromagnetische Masse, die sich von den von Abraham erhaltenen beträchtlich unterscheiden.[7]) Trotzdem stimmen auch meine Formeln gut mit den Kaufmann'schen Messungen überein, nur muß man den Geschwindigkeiten nicht ganz so hohe Werte beimessen, wie die Gleichungen von Abraham sie erfordern. Eine experimentelle Entscheidung zwischen den beiden Auffassungen würde sich ergeben, wenn man bei den Kaufmann'schen Versuchen die elektrische und die magnetische Feldstärke mit genügender Genauigkeit bestimmen könnte.

Ich kann jetzt (Dezember 1905) hinzufügen, daß Kaufmann durch eine Wiederholung seiner Messungen die Entscheidung bereits erbracht hat. Die neuen Resultate sprechen für die Ansicht, daß die Elektronen Kugeln von unveränderlicher Gestalt und Größe seien.

Daß wir in dem Fall der β-Strahlen die Existenz wahrer Masse leugnen dürfen, steht nach den Beobachtungen von Kaufmann wohl fest. Da nun die elektromagnetische Masse bei kleiner Geschwindigkeit den Wert

$$m = \frac{2}{3}\frac{e^2}{R} \quad \cdots \cdots \cdots \quad (7)$$

hat, so können wir, sobald uns e und m den absoluten Werten nach bekannt sind, auch den Radius R des Elektrons bestimmen. Wir werden darauf noch zurückkommen.

Das Ergebnis, zu welchem Kaufmann, was die Masse der negativen Elektronen betrifft, gekommen ist, ermutigt auch zu weiterer Erwägung der von verschiedenen Seiten aufgeworfenen Frage, ob es wohl überhaupt wahre Masse gebe. Man kann sich vorstellen, alle ponderable Materie sei aus Elektronen zusammengesetzt und alle kinetische Energie bewegter Körper bestehe in der Energie elektromagnetischer Felder. Sollte sich diese Vermutung bestätigen, so hätte man am Ende nicht die elektromagnetischen Erscheinungen mechanisch, sondern vielmehr die mechanischen Erscheinungen elektromagnetisch zu deuten; für Sie, meine Herren, hätte das die glückliche Folge, daß alle Technik im Grunde Elektrotechnik wäre.

Indes, so weit sind wir noch entfernt nicht gekommen. Vorläufig müssen wir uns damit begnügen, es als sehr wahrscheinlich hinzustellen, daß in. dem einfachen Falle freier negativer Elektronen keine wahre Masse besteht. Übrigens, auch wenn es nicht gelingen sollte, die Materie ganz in Elektronen aufzulösen, so kann es doch keinem Zweifel unterliegen, daß die elektrischen Ladungen der Atome etwas sehr wesentliches sind und daß wir hoffen dürfen, durch die Erforschung der von den Atomen ausgehenden elektrischen Schwingungen wertvolle Aufschlüsse über die Struktur der Atome zu gewinnen. So ist eine Theorie der Spektrallinien und der komplizierteren Formen des Zeemaneffektes, sowie des Zusammenhanges dieser Erscheinungen mit den chemischen ein wichtiges Problem der Elektronentheorie.

Wir wollen uns jetzt den Erscheinungen zuwenden, an welchen die in den ponderabelen Körpern eingeschlossenen Elektronen beteiligt sind. Mit den Fragen, die ich auswähle, betreten wir das Gebiet der Elektronentheorie der Metalle, die, im Anschluß an frühere Betrachtungen von Wilh. Weber und Kohlrausch, in den letzten Jahren von Riecke, Drude, J. J. Thomson und anderen Forschern mit glücklichem Erfolg entwickelt worden ist. Vor Allem haben wir hier Rechenschaft zu geben von dem engen Zusammenhange zwischen den Eigen-

schaften der Metalle in Bezug auf die Elektrizität und die
Wärme. Daß hier wirklich ein inneres Band besteht, darauf deutet
schon die Tatsache hin, daß die Metalle zu gleicher Zeit die besten
Elektrizitäts- und die besten Wärmeleiter sind; in beiden Hin-
sichten überragen sie weit jeden anderen Körper. Überdies
findet man, wenn man sie untereinander vergleicht, immer
hohe Leitfähigkeit für Elektrizität mit hoher Leitfähigkeit für
Wärme verbunden; G. Wiedemann und Franz hatten sogar
aus ihren Beobachtungen geschlossen, daß das Verhältnis der
betreffenden Koeffizienten bei einer bestimmten Temperatur für
alle Metalle denselben Wert habe. Tabelle III, welche für die
Temperaturen von 18° und 100° C. die Resultate der sorg-
fältigen Messungen von Jaeger und Diesselhorst enthält, läßt
erkennen, daß dieses Gesetz zwar keineswegs genau, aber doch
bei vielen Metallen mit einer gewissen Annäherung erfüllt ist.

In der Tabelle ist vorausgesetzt, daß die Wärmeleitfähig-
keit k gemessen wird durch die in Arbeitseinheiten ausgedrückte
Wärmemenge, welche pro Sekunde durch ein Flächenelement
von einem Quadratcentimeter hindurchfließt, falls in der Richtung, senkrecht zu dem Elemente ein Temperaturgefälle von
1° C. pro c. M. besteht.

Was die Leitfähigkeit σ für Elektrizität anbelangt, so ist
das Maß für diese die Elektrizitätsmenge, von der ein solches
Flächenstück pro Zeiteinheit durchflossen wird, wenn in der
Richtung der Normale eine elektrische Kraft Eins wirkt.

Die Werte der Leitfähigkeiten selbst habe ich nicht ange-
führt, nicht nur, weil es uns bloß auf das Verhältnis ankommt,
sondern auch, weil die Versuche so eingerichtet waren, daß
sie direkt den Wert dieses letzteren lieferten. Es möge indes erwähnt werden, daß bei 18° k und σ variieren zwischen
$k = 8,1 \times 10^5$, $\sigma = 0,84 \times 10^{-5}$ (Wismut) und $k = 421 \times 10^5$,
$\sigma = 61,4 \times 10^{-5}$ (Silber). Sie sehen, daß die Werte von k/σ
viel weniger von einander verschieden sind.

Der Weg, den wir nun einzuschlagen haben, ist sofort
angezeigt. Es liegt auf der Hand, einen elektrischen Strom als

Tabelle III.

	$(k/\sigma)_{18^\circ} \cdot 10^{-8}$	$(k/\sigma)_{100^\circ} \cdot 10^{-8}$	$(k/\sigma)_{100^\circ} : (k/\sigma)_{18}$
Aluminium . . .	636	844	1,32
Kupfer II . . .	665	862	1,30
Kupfer III . . .	671	871	1,30
Silber	636	881	1,28
Gold	727	925	1,27
Nickel	699	906	1,30
Zink	672	867	1,29
Cadmium . . .	706	905	1,28
Blei	715	935	1,31
Zinn	735	925	1,26
Platin	753	1013	1,35
Palladium . . .	754	1017	1,35
Eisen I	802	1061	1,32
Eisen II	838	1114	1,33
Wismut	962	1077	1,12
Rotguß	757	955	1,26
Konstantan . . .	1106	1310	1,18

eine fortschreitende Bewegung von Elektronen in den Räumen
zwischen den Metallatomen aufzufassen. Sollen wir nun überhaupt zu einer konstanten Beziehung zwischen Elektrizitäts-
und Wärmeleitung kommen, so müssen wir eben diese beweglichen Elektronen, die wir jetzt als „freie" bezeichnen wollen,
auch für die Wärmeleitung verantwortlich machen. Wir müssen
andere Ursachen, aus welchen gleichfalls eine Wärmeleitung
hervorgehen könnte, ausschließen, oder wenigstens denselben
nur eine untergeordnete Bedeutung zuschreiben.

Wie können wir aber mit beweglichen Elektronen eine
Wärmeleitung konstruieren? Um das zu tun, schließen wir uns
einer Theorie an, die auf den ersten Blick gar keine Verwandt-

schaft mit unserem Problem hat, nämlich der kinetischen Gastheorie. Sie wissen, daß diese auf der Annahme einer raschen ungeordneten Bewegung der Moleküle beruht, und Sie kennen auch zwei wichtige Resultate, zu welchen man in derselben gekommen ist. Erstens ist in jedem Gase die mittlere kinetische Energie der fortschreitenden Bewegung eines Moleküls der absoluten Temperatur T proportional, und zweitens hat, bei einer bestimmten Temperatur, diese mittlere Molekularenergie für alle Gase denselben Wert, für den wir schreiben wollen αT, wo dann α immer dieselbe Größe hat. Sogar hat diese Konstante, und das ist für unseren Zweck sehr wichtig, eine noch allgemeinere Bedeutung. Die mathematische Behandlung der Molekularbewegungen hat zu der Annahme geführt, daß jedes individuelle Teilchen, das an der Molekularbewegung teilnimmt, gleichviel wie groß oder wie klein, sei es ein Molekül, ein Atom oder ein Ion, und in welchem Körper es sich befinden möge, im Mittel immer diese kinetische Energie besitzt. Wir wollen daher voraussetzen, daß auch die freien Elektronen eines Metalls in allen Richtungen hin und her fliegen, mit solchen Geschwindigkeiten, daß ein jedes im Mittel die kinetische Energie αT hat. Nimmt man an, daß negative Elektronen im Spiel sind und daß die Masse dieser Teilchen den kleinen bereits besprochenen Wert hat, so involviert unsere Voraussetzung offenbar recht hohe Geschwindigkeiten. Ist die Masse eines Elektrons der 2000te Teil von der eines Wasserstoffatoms, d. h. der 4000te Teil von der eines Wasserstoffmoleküls, so muß sich dasselbe, um die gleiche kinetische Energie wie ein Wasserstoffmolekül zu haben, mit einer mehr als 60 mal größeren Geschwindigkeit bewegen.

Ferner haben wir uns vorzustellen, daß die Elektronen ebenso wenig wie die Moleküle eines Gases im Stande sind, über große Entfernungen hin in gerader Linie weiter zu fliegen. Nicht nur können sie, ebenso wie die Gasmoleküle, gegen einander stoßen, sondern ihre Beweglichkeit wird auch durch die Metallatome, zwischen welchen sie gefangen sind, eingeschränkt. Wir wollen uns denken, daß dieser letztere Umstand jetzt die Hauptrolle spielt und die mittlere Länge der freien geradlinigen Wegstücke bestimmt.[8]

In der Theorie der Wärmeleitung können wir nun ganz dem Beispiele der Gastheorie folgen. Hat eine vertikale Luftsäule oben eine höhere Temperatur als unten, so findet man in den oberen Schichten die größten Molekulargeschwindigkeiten. Indem nun Moleküle aus diesen Schichten in die tieferen eindringen und umgekehrt Moleküle mit langsamerer Bewegung nach oben hin gelangen, muß offenbar ein Ausgleich der Temperaturdifferenz, eine Wärmeleitung zu Stande kommen. Ähnliches geschieht mit den Elektronen in einem an verschiedenen Stellen ungleich erwärmten Metall und auch hier kommt es auf die Länge des Weges an, den die Teilchen in gerader Linie zurücklegen können. Je größer diese Länge ist, um so weiter dringen die Elektronen aus der einen Schicht in die andere ein, was offenbar dem Transport der Energie, d. h. der Wärmeleitung zu Gute kommt.

Diese Gedanken verfolgend hat Drude eine Formel für den Koeffizienten der Wärmeleitung abgeleitet. Aus Gründen, die ich später erwähnen werde, führe ich dieselbe nur in der einfachen Gestalt an, die sie annimmt, wenn nur eine Gattung freier Elektronen in dem Metall vorhanden ist. Betrachtet man diese Teilchen als untereinander gleich, und bezeichnet man mit N die Anzahl derselben pro Volumeneinheit, mit u die mittlere Geschwindigkeit ihrer Wärmebewegung, und mit l die mittlere freie Weglänge, während α die bereits erwähnte universelle Konstante ist, so hat man nach Drude

$$k = \frac{1}{3}\, \alpha\, N\, l\, u.$$

Auch was die elektrische Leitfähigkeit anbelangt, so spielt die Wärmebewegung eine Rolle und hat die Länge der freien Wege Einfluß. Das zeigt folgende Betrachtung: So lange noch keine elektrische Kraft auf das Metall wirkt, ist die Bewegung der Elektronen völlig ungeordnet; sie fliegen nach allen Seiten in gleichem Maße hin und her. Die elektrische Kraft bringt hierin eine gewisse Ordnung, indem unter ihrem Einflusse Bewegungen in einer der Kraft entsprechenden Richtung etwas häufiger vorkommen — vielleicht nur sehr wenig, das hängt von der Größe der Kraft ab — als Bewegungen in anderen Richtungen. Man kann auch sagen, es komme zu der schon bestehenden regellosen Bewegung noch eine bestimmte Geschwindigkeit in jener Richtung, eine Stromgeschwindigkeit hinzu. Gelingt es nun, diese zu berechnen, dann kann man daraus leicht die Anzahl der Elektronen ableiten, die pro Zeiteinheit und pro Flächeneinheit ein senkrecht zu der elektrischen Kraft stehendes Flächenelement durchsetzen. Um einen Ausdruck für den elektrischen Strom zu gewinnen, hat man dann weiter mit der Ladung e eines Elektrons zu multiplizieren und schließlich erhält man nach Division mit dem numerischen Wert der elektrischen Kraft selbst, die gesuchte Leitfähigkeit σ.

Es ist nun zu beachten, daß die elektrische Kraft eine wahre Sisyphusarbeit zu verrichten hat; kaum hat sie einem Elektron eine kleine Geschwindigkeit gegeben, so geht diese durch einen Stoß an ein Metallatom verloren, oder schlägt vielleicht in eine ganz andere Richtung um. In folgender Weise können wir nun eine Berechnung durchführen, mit der wir uns jedenfalls in erster Annäherung zufrieden geben können. Wenn τ die mittlere Länge der Zeit zwischen zwei Zusammenstößen ist, so kann man sagen, daß in einem bestimmten Augenblick die Zeit, während welcher die Elektronen seit dem letzten Zusammenstoße mit einem Atom der Wirkung der elektrischen Kraft E ausgesetzt gewesen sind, im Mittel $\frac{1}{2}\tau$ beträgt. Die in diesem Intervall erzeugte Geschwindigkeit ist $\frac{1}{2}\tau\frac{eE}{m}$, da die auf ein Teilchen wirkende Kraft eE, und also die Beschleunigung $\frac{eE}{m}$ ist. Diese Größe

$$\frac{1}{2}\tau\frac{eE}{m},$$

für welche wir auch schreiben können

$$\frac{e\,l\,E}{2\,m\,u},$$

da $\tau = \dfrac{l}{u}$ ist, haben wir als den Wert der Strömungsgeschwindigkeit zu betrachten. Daraus folgt dann, indem wir mit $N\,e$ multiplizieren, für den Strom pro Flächeneinheit und Zeiteinheit

$$\frac{e^2\,N\,l\,E}{2\,m\,u}$$

oder, da nach unserer Voraussetzung

$$\frac{1}{2}\,m\,u^2 = \alpha\,T$$

ist,

$$\frac{e^2\,N\,l\,u\,E}{4\,\alpha\,T}\,.$$

Schließlich ergibt sich für die Leitfähigkeit das einfache Resultat

$$\sigma = \frac{e^2\,N\,l\,u}{4\,\alpha\,T} \quad \ldots \ldots \ldots \quad (8)$$

Vergleichen Sie nun diese Formel mit der für k, so sehen Sie, daß beide Ausdrücke den Faktor $N\,l\,u$ enthalten. Die Größen N und l, die wahrscheinlich in den einzelnen Metallen sehr verschieden sind, fallen also bei Division fort, und das Verhältnis

$$\frac{k}{\sigma} = \frac{4}{3}\left(\frac{\alpha}{e}\right)^2 T \quad \ldots \ldots \ldots \quad (9)$$

enthält nur noch Größen, die von den speziellen Eigenschaften des Metalls nicht abhängen. Es ist also Drude wirklich gelungen, von der Gleichheit des Verhältnisses $\dfrac{k}{\sigma}$ bei verschiedenen Metallen Rechenschaft zu geben, was wir gewiß als eine der schönsten Errungenschaften der Elektronentheorie ansehen dürfen. Seine Formel zeigt weiter, daß der Wert von $\dfrac{k}{\sigma}$ der absoluten Temperatur proportional wächst. Von 18^0 bis 100^0 C. steigt T im Verhältnis von 1 zu 1,28, welche letztere Zahl in recht befriedigender Weise mit den in der letzten Spalte von Tabelle III angegebenen Verhältniszahlen übereinstimmt.

Bei der Beurteilung dieser Ergebnisse ist nicht aus dem Auge zu verlieren, daß man ohne Elektronentheorie gar keinen Grund für den Zusammenhang zwischen den beiden Leitfähigkeiten sehen würde.

Drude fand seine Formel in geradezu glänzender Weise bestätigt, als er die absoluten Werte der verschiedenen Größen in Betracht zog. Man kann nämlich aus der Gleichung (9), wenn man $\frac{k}{\sigma}$ den Beobachtungen entnimmt, den Wert von $\frac{a}{e}$, also auch für jede Temperatur den Wert von $\frac{a\,T}{e}$ ableiten. Diesen letzteren Ausdruck kann man nun aber auch aus ganz anderen Daten berechnen.

Wir wollen uns hier einer von Reinganum durchgeführten Betrachtung anschließen. Da e die elektrische Ladung eines Wasserstoffions repräsentiert, so beträgt die Anzahl der Wasserstoffionen in einem elektrochemischen Äquivalent $\frac{1}{e}$. Denken Sie sich nun, wir hätten in einem Kubikcentimeter gerade ein elektrochemisches Äquivalent, d. h. 0,000104 Gramm Wasserstoff im gewöhnlichen gasförmigen Zustande und zwar bei der Temperatur T, für welche wir $\frac{k}{\sigma}$ gefunden haben. Diese Menge wird einen bestimmten Druck ausüben, den wir angeben können, und den ich p nennen will. Da das Gas $\frac{1}{e}$ Atome enthält und zweiatomig ist, so besteht es aus $\frac{1}{2\,e}$ Molekülen, sodaß die gesamte kinetische Energie der fortschreitenden Bewegung dieser Teilchen $\frac{\alpha\,T}{2\,e}$ beträgt. Nach der Grundformel der kinetischen Gastheorie ist der Druck pro Flächeneinheit zwei Drittel hiervon; folglich

$$p = \frac{\alpha\,T}{3\,e}$$

und es ergibt sich, wenn man dieses mit dem aus der Formel (9) gezogenen Wert von $\dfrac{\alpha\,T}{e}$ verbindet,

$$\sqrt{\frac{3}{4}\frac{k}{\sigma}}\;T = 3\,p \quad . \quad . \quad . \quad \quad . \quad . \quad (10)$$

Da nun die Masse eines $c.M.^3$ Wasserstoff bei 0^0 unter dem Druck von 76 $c.M.$ Quecksilber, d. h. von $1{,}013\times10^6$ $C.\,G.\,S.$-Einheiten, $0{,}0000896$ Gramm beträgt, so erhält man für 18^0 $C.$

$$3\,p = 38 \times 10^5,$$

während bei Zugrundelegung des für Silber gefundenen Wertes von $\dfrac{k}{\sigma}$ für dieselbe Temperatur ebenfalls

$$\sqrt{\frac{3}{4}\frac{k}{\sigma}}\;T = 38 \times 10^5.$$

Es ist das eine recht schöne Übereinstimmung zwischen Zahlen, für deren Berechnung sehr verschiedene Teile der Physik die Daten geliefert haben.

Leider muß ich Ihre Freude über dieses Ergebnis sofort einigermaßen stören. Als ich nämlich bei einer Wiederholung der Berechnungen von Drude etwas tiefer auf die Bewegung der einzelnen Teilchen des Elektronenschwarms einzugehen versuchte, erhielt ich statt (9) die Formel

$$\frac{k}{\sigma} = \frac{8}{9}\left(\frac{\alpha}{e}\right)^2 T,$$

derzufolge sich (10) in

$$\sqrt{\frac{9}{8}\frac{k}{\sigma}}\;T = 3\,p$$

verwandelt. Die linke Seite dieser Gleichung hat den Wert 47×10^5 und weicht also nicht unbeträchtlich von $3\,p$ ab.

Welche Bedeutung nun diese Abweichung hat, ist schwer zu sagen. Vielleicht, und das wäre das Erfreulichste, steckt in meiner Berechnung irgend ein Fehler, oder würde eine noch genauere Betrachtung — ich habe ja auch einige vereinfachende Annahmen gemacht — zu einer Zahl führen, die weniger von Drude's Resultat verschieden ist. Es ist aber auch möglich, daß die Sache wirklich nicht ganz so einfach liegt, wie wir es jetzt angenommen haben, und daß namentlich bei der Wärmeleitung auch andere Vorgänge als die Bewegung der völlig freien Elektronen mitspielen. Indes, wie dem auch sein möge, wir können den Schluß aufrecht erhalten, daß die Theorie der freien Elektronen, die sich ähnlich wie die Moleküle eines Gases mit einer von der Temperatur abhängigen Geschwindigkeit bewegen, im Stande ist, in erster Annäherung von der Wärme- und Elektrizitätsleitung, sowie von der Beziehung zwischen beiden Erscheinungen Rechenschaft zu geben.

Dieselben Grundgedanken können wir nun auch, wie Riecke und Drude es bereits getan haben, auf andere Erscheinungen, auf die thermo-elektrischen Ströme und die nach Peltier, Thomson (Lord Kelvin) und Hall benannten Phänomene anwenden. Ich kann bei den sich hier darbietenden Problemen nicht ausführlich verweilen und muß mich darauf beschränken, mit einigen Worten anzugeben, wie sich die Erklärungen gestalten, wenn man nur eine Art freier Elektronen, wir wollen sagen, nur negative, annimmt.

Zunächst denken wir uns zwei mit einander in Berührung stehende Stücke A und B aus verschiedenem Metall. Hat ein solches System an allen Stellen gleiche Temperatur, so stellt sich, wie Sie wissen, ein Gleichgewichtszustand ein, in welchem eine bestimmte Potentialdifferenz besteht. Diese, die sogenannte Kontaktpotentialdifferenz, erklärte Helmholtz aus der Annahme gewisser „Molekularkräfte", welche die Teilchen der Metalle in äußerst kleiner Entfernung auf die Elektrizität ausüben, eine Auffassung, die wir sofort in die Elektronentheorie übertragen können. Werden z. B. die freien Elektronen vom Metall A stärker angezogen als von B, so wird, wenn ursprünglich noch keine Potentialdifferenz vorhanden ist, eine gewisse Anzahl derselben von B nach A hin getrieben. Dadurch erhält A eine negative und B eine positive Ladung und das führt alsbald zu einem stationären Zustande, indem die von der entstandenen Potentialdifferenz herrührende, auf die Elektronen wirkende Kraft der aus der ungleichen Anziehung resultierenden das Gleichgewicht hält. Indes läßt sich ohne Mühe beweisen, daß die Helmholtz'schen Molekularkräfte nie einen Strom in einer geschlossenen metallischen Kette hervorrufen können und haben wir also eine Erklärung der thermoelektrischen Ströme in anderer Weise zu versuchen.

Wir wollen dabei von der Auffassung ausgehen, daß die freien Elektronen in den Metallen sich durch eine Art Dissoziationsprozeß von den Atomen gelöst haben, und daß das Dissoziationsgleichgewicht erfordert, daß die Anzahl N dieser Teilchen pro Volumeneinheit in jedem Metall einen bestimmten, nach irgend einem Gesetz von der Temperatur abhängigen Wert hat. Ist nun dieser Wert in dem soeben betrachteten System zweier Metalle für A kleiner als für B, dann wird, gänzlich abgesehen von den Helmholtz'schen Molekularkräften, schon die Wärmebewegung der Elektronen zur Folge haben, daß sie in größerer Zahl in der Richtung von B nach A als in der von A nach B übergehen. Es ist aber klar, daß dieser Vorgang, den wir als ein „Überdestillieren" negativer Elektrizität von B nach A hin bezeichnen könnten, in kurzer Zeit zu Ende kommen muß. Die Anhäufung negativer Ladung in A und die entsprechende positive Ladung in B bringen eben eine Potentialdifferenz hervor, unter deren Einfluß das Wandern der negativen Teilchen in der einen Richtung, nach A hin, verzögert, und in der anderen beschleunigt wird. Sobald es in dieser Weise so weit gekommen ist, daß die Elektronen nach beiden Seiten in gleicher Zahl wandern, hat die Potentialdifferenz ihren definitiven Wert erreicht.

Man gelangt nun zu einem Ausdruck für die elektromotorische Kraft einer Thermokette, wenn man, mit Berücksichtigung der Temperaturdifferenz und der entsprechend verschiedenen Intensität der Wärmebewegung, diese Betrachtungen auf beide Lötstellen anwendet, und außerdem beachtet, daß auch die Temperaturdifferenzen in jedem einzelnen Metall ein Wandern der Elektronen in bestimmter Richtung hervorzurufen bestrebt sind.

Die Endformel brauche ich nicht anzuführen; ich erwähne

nur, daß es schließlich auf das Verhältnis der Werte N_1 und N_2 ankommt, welche die Anzahl N der freien Elektronen in den beiden Metallen hat. Sind sowohl N_1, als auch N_2 von der Temperatur unabhängig, oder ändern sich bei Erwärmung beide in dem gleichen Verhältnis, so stellt sich eine der Temperatur-differenz der Lötstellen proportionale elektromotorische Kraft heraus. Verwickelter wird die Beziehung zwischen der Kraft und den Temperaturen, wenn das Verhältnis N_1/N_2 eine Funktion der Temperatur ist.

Was den absoluten Wert der elektromotorischen Kraft anbelangt, so führt die Theorie zu einer sehr einfachen und bemerkenswerten Regel. Denken Sie sich, ein einzelnes Elektron durchwandere einmal den ganzen thermo-elektrischen Kreis; dabei leistet die elektromotorische Kraft eine bestimmte Arbeit. Die Größe dieser letzteren unterscheidet sich nun bloß durch einen gewissen, von dem Verhältnis N_1/N_2 abhängigen Zahlenfaktor von der Differenz der Werte, welche die schon oft genannte Größe αT bei den Temperaturen der Lötstellen hat. Diese Differenz können wir auch auffassen als die Zunahme, welche die mittlere kinetische Energie der fortschreitenden Bewegung eines Moleküls erleidet, wenn ein Gas von der Temperatur der kalten Lötstelle bis zu der der warmen Lötstelle erhitzt wird.[9])

An die Erörterungen über die Entstehungsweise des thermo-elektrischen Stroms reiht sich nun weiter die Untersuchung der Wärmewirkungen, welche in der Thermokette stattfinden, wenn sie von einem beliebigen Strom durchflossen wird. Dieses Problem erfordert ziemlich verwickelte Rechnungen, bietet aber prinzipiell gar keine Schwierigkeit. Wir haben nur für einen beliebigen Teil der Kette dreierlei ins Auge zu fassen: erstens die Energie der Elektronen, welche in denselben hineinwandern, dann die Energie der Teilchen, welche ihn verlassen und drittens die Arbeit der Kräfte, welche auf die in dem Leiterstück befind-lichen Elektronen wirken. In dieser Weise leiten wir aus dem Energiegesetze die Wärmemenge ab, welche wir dem Metall entziehen oder zuführen müssen, um die Temperatur konstant zu erhalten und diese Wärmemenge ist es eben, von der wir sagen, sie sei im Leiter entwickelt oder absorbiert. Der gefundene Wert setzt sich nun aus drei Teilen zusammen. Der erste davon ist unabhängig vom elektrischen Strom und rührt lediglich von der Wärmeleitung her. Der zweite ist dem Quadrat der Stromstärke proportional; er entspricht dem bekannten Joule'schen Gesetz. Das dritte Glied unseres Ausdruckes aber ändert sich wie die erste Potenz der Stromstärke und wechselt das Vorzeichen, wenn man den Strom umkehrt; bei der einen Stromrichtung bedeutet es eine Wärmeentwicklung und bei der entgegengesetzten eine Wärmeabsorption. Dieses Glied liefert Formeln für den Peltiereffekt oder den Thomsoneffekt, je nachdem man es auf eine Kontaktstelle oder auf ein homogenes Metall, in dem ein Temperaturgefälle besteht, anwendet.

Das Merkwürdigste an diesen Ergebnissen ist, daß die gefundenen Werte den Beziehungen genügen, zu welchen man in der bekannten thermodynamischen Theorie der thermo-elektrischen Erscheinungen gelangt.

Ich erlaube mir, jetzt noch einmal auf die Wirkung eines magnetischen Feldes zurückzukommen. Ebenso wie bei den in einem verdünnten Gase weiterfliegenden Elektronen, gibt diese auch bei den Elektronen in den Metallen zu interessanten Erscheinungen Anlaß, von welchen die am längsten bekannte, der sogenannte Halleffekt kurz besprochen werden möge.

Zur Beobachtung dieses Phänomens verfahren wir folgendermaßen: Durch ein dünnes, rechteckiges Metallblatt $a\,b\,c\,d$ (Fig. 6) schicken wir, in der Richtung des Pfeils, einen elektrischen Strom, dessen Zu- und Ableitungsstellen sich auf den Seiten $a\,b$ und $c\,d$ befinden. Auf den beiden anderen Seiten suchen wir zwei Punkte p und q, in welchen das Potential gleiche Werte hat, sodaß, wenn sie durch einen Metalldraht verbunden werden, in diesem kein Zweigstrom auftritt. Man findet nun, daß ein in den Nebenschluß eingeschaltetes Galvanometer

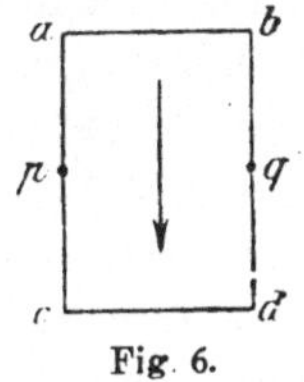

Fig. 6.

einen Strom anzeigt, sobald ein magnetisches Feld mit den Kraftlinien senkrecht zu der Platte erregt wird, und zwar bleibt dieser Strom konstant, so lange an der Intensität des „Hauptstroms" und an der Stärke des Feldes nichts geändert wird. Man hat gefunden, daß die Intensität des Hallstromes sowohl der des Hauptstroms, wie auch der Größe der magnetischen Kraft proportional ist; letzteres gilt wenigstens bei nicht zu großen Feldstärken. Ferner nimmt der Effekt die entgegengesetzte Richtung an, wenn man entweder den Hauptstrom oder das magnetische Feld umkehrt.

Die Erklärung der Erscheinung liegt nun in der Elektronentheorie so sehr auf der Hand, daß wir dieselbe leicht aus unseren Grundannahmen hätten vorhersagen können. Denken Sie sich wieder, ein elektrischer Strom bestehe ausschließlich in einer Wanderung der negativen Elektronen; einen Strom in der Richtung des Pfeils durch die Platte schicken, heißt dann diesen Teilchen eine nach oben gerichtete Geschwindigkeit erteilen. Sie werden demzufolge von dem magnetischen Felde, dessen Kraftlinien nach vorn gerichtet sein mögen, nach links getrieben, wie aus der Regel für die elektromagnetische Kraft folgt. Offenbar muß das einen Strom in dem Nebenschluß und, wenn ein solcher fehlt, eine Potentialdifferenz zwischen den Rändern $a\,c$ und $b\,d$ zur Folge haben; das Potential wird an $b\,d$ steigen und an $a\,c$ sinken.

Es ist auch leicht, die Größe des Effektes wenigstens annähernd anzugeben. Zu diesem Zwecke bezeichnen wir wieder mit e die Ladung eines Elektrons, mit H die magnetische Feldstärke, mit v aber die Wanderungsgeschwindigkeit der Elektronen, d. h. die gemeinschaftliche in unserem Beispiel nach oben gerichtete Geschwindigkeit, die sie neben der ungeordneten Wärmebewegung besitzen. Die Kraft, welche ein Elektron infolge des gleichzeitigen Bestehens des Hauptstroms und des Feldes erleidet, ist dann $e\,v\,H$ und, falls die Ränder $a\,c$ und $b\,d$ isoliert sind, werden die Potentialdifferenz zwischen denselben und die dieser entsprechende elektrische Kraft E so weit anwachsen, daß die auf ein Elektron ausgeübte Kraft $e\,E$ jene elektromagnetische Wirkung $e\,v\,H$ gerade aufhebt. Wir haben also

$$E = v\,H,$$

eine Beziehung, die deshalb von Interesse ist, weil die transversale elektrische Kraft E aus der Messung des Hallstroms

abgeleitet werden kann, und sich dann weiter die Wanderungsgeschwindigkeit der Elektronen nach der Formel

$$v = \frac{E}{H}$$

berechnen läßt.

Diese Berechnung hat Boltzmann vor vielen Jahren,
gleich nach dem Bekanntwerden der Hall'schen Entdeckung
gemacht. Sie führt zu dem bemerkenswerten Resultat, daß die
Strömungsgeschwindigkeit sogar bei starken Strömen sehr
klein ist. Für den Fall eines Kupferdrahtes, von 1 m. M.^{2} Querschnitt, der von einem Strom von 1 Amp. durchflossen wird,
kann man sie auf 0,005 c. M. pro Sekunde schätzen. Für Nickel
ist das Resultat etwa 0,2 c. M. pro Sekunde, während sich für
Wismut der exceptionell hohe Wert von 90 c. M. pro Sekunde
ergibt. Sie ersehen hieraus, wie gering die Änderung ist,
welche selbst ziemlich große elektrische Kräfte in die ungeordnete Wärmebewegung, deren Geschwindigkeit Tausende
von Metern betragen kann, zu bringen vermögen.

Wir sind jetzt im Stande, der wichtigen Frage, ob man
in der Elektronentheorie der Metalle mit der Annahme einer
einzigen Art freier Elektronen auskommen könne, etwas näher
zu treten. Es ist in dieser Hinsicht zunächst zu bemerken,
daß die Theorie die eine oder die andere Richtung des Halleffektes verlangt, je nachdem man mit positiven oder mit
negativen Elektronen operiert. Wie die Richtung ist, wenn
nur negative im Spiel sind, haben wir bereits erörtert. In dem
Fall, auf den sich Fig. 6 bezieht, und bei der vorausgesetzten
Richtung des magnetischen Feldes, entsteht dann am Rande $b\,d$
das höchste Potential. Wir kommen aber zu dem entgegengesetzten Schluß, wenn wir den durch den Pfeil angedeuteten
Hauptstrom als eine Bewegung positiver Elektronen auffassen.
Dann haben wir uns nämlich vorzustellen, daß diese nach unten
wandern; sie werden infolgedessen von dem magnetischen
Felde nach links getrieben, gerade so wie vorhin die negativen
Teilchen, und das Potential wird in p erhöht, in q aber er-
niedrigt.

Der Halleffekt hat nun wirklich nicht immer dieselbe Richtung. Bei der von uns vorausgesetzten Versuchsanordnung wird das Potential am Rande $b\,d$ erhöht, wenn die Platte z. B. aus Wismut, Gold oder Kupfer besteht, am Rande $a\,c$ dagegen, wenn man mit Eisen oder Zink arbeitet. Dies spricht für die Ansicht, daß es sowohl positive wie auch negative freie Elektronen gebe, und daß bei den zuerstgenannten Metallen die Bewegung der negativen Teilchen, bei Eisen und Zink aber die Bewegung der positiven die Richtung des Hallstroms bestimme. Ich brauche kaum hinzuzufügen, daß wir bei dieser Annahme nicht so weit zu gehen brauchten, daß wir in dem einen Körper nur die positiven und in dem anderen nur die negativen Elektronen wandern ließen. Es ist klar, daß, wenn beide Gattungen von Teilchen an dem Strom beteiligt sind, sodaß ein Querschnitt in einem gewissen Zeitintervall in der einen Richtung etwa von n positiven und in der anderen von n' negativen Elektronen durchsetzt wird, bei einem gewissen Werte des Verhältnisses n/n' — einem Werte, der übrigens von Metall zu Metall variieren könnte — die beiden entgegengesetzten transversalen Wirkungen sich aufheben können — und daß also der Hallstrom die eine oder die andere Richtung haben wird, je nachdem das tatsächlich bestehende Verhältnis oberhalb oder unterhalb jenes Wertes liegt.

Die Auffassung der Elektrizitätsbewegung als Doppelstrom positiver und negativer Elektronen hat Drude vielen seiner Betrachtungen auf diesem Gebiete zu Grunde gelegt; z. B. bedient er sich derselben, um den Abweichungen vom Wiedemann-Franz'schen Gesetz gerecht zu werden. Bei näherer Prüfung erheben sich aber Bedenken, die mir so schwer ins Gewicht zu fallen scheinen, daß ich versuchen möchte, wenn irgend möglich, mit nur einer Art wirklich von den Metallatomen freier Elektronen auszukommen.

Es entsteht schon eine Schwierigkeit in dem einfachen Fall, daß ein Strom von einem Metall M_1 in ein zweites M_2 (Fig. 7) hinübertritt. Sind $p\,q$ und $r\,s$ Querschnitte zu beiden Seiten der Berührungsstelle, und wandern durch die erste n_1

positive Elektronen nach rechts und n'_1 negative nach links, durch die zweite aber n_2 positive nach rechts und n'_2 negative nach links, dann ist natürlich, da wir allen Elektronen Ladungen von gleicher Größe zuschreiben,

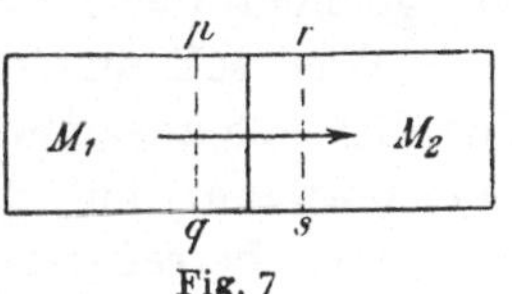

$$n_1 + n'_1 = n_2 + n'_2.$$

Wir dürfen jedoch nicht erwarten, daß auch einzeln $n_1 = n_2$, $n'_1 = n'_2$ sei. Ist nun $n_1 > n_2$, so häufen sich $n_1 - n_2$ positive Elektronen und die gleiche Zahl $n'_2 - n'_1$ negativer Elektronen an der Berührungsstelle an. Dagegen würden, falls $n_1 < n_2$ wäre, positive und negative Elektronen in gleicher Zahl aus der Übergangsschicht hinweggeschafft werden. Man kann sagen, es finde an der Grenze entweder eine Ansammlung oder ein Verlust „neutraler Elektrizität" statt, und zwar unaufhörlich, so lange der Strom anhält.

Sogar würde es zu einer solchen Veränderung in der Verteilung der neutralen Elektrizität nicht einmal eines elektrischen Stroms bedürfen. Auch die Ursachen, aus welchen eine Kontaktpotentialdifferenz entspringt, seien es die Helmholtz'schen Molekularkräfte, oder die Wärmebewegung der Elektronen, müßten im Allgemeinen Ähnliches herbeiführen. Denken Sie nur daran, daß, wie bereits bemerkt wurde, der Übergang einer bestimmten Art Elektronen vom einen Metall in das andere erst dann zu Ende kommt, wenn eine Potentialdifferenz von ganz bestimmter Größe entstanden ist. Daß diese für den Gleichgewichtszustand erforderliche Potentialdifferenz für die positiven Elektronen gerade dieselbe Größe habe wie für die negativen, dürfen wir natürlich nicht erwarten, wenn wir uns von neuen eigens zu diesem Zweck ersonnenen Hypothesen frei halten wollen. Wir werden vielmehr zu dem Schluß gezwungen, daß, wenn nicht noch andere Umstände ins Spiel kommen, bei Anwesenheit zweier Arten von freien Elektronen ein wahres Gleichgewicht überhaupt nicht bestehen kann; nur insofern kann dann ein stationärer Zustand entstehen, als, bei einem bestimmten Werte der Potentialdifferenz, gleich viel positive wie negative Teilchen vom einen Metall zum anderen wandern. Die Ladungen ändern sich dann weiter nicht, wohl aber die in einem bestimmten Raumteil befindliche Menge neutraler Elektrizität.

Was soll nun in diesem oder dem vorhergehenden Fall aus der sich ansammelnden neutralen Elektrizität werden? Sie muß entweder auf der Stelle bleiben oder irgendwie wieder aus dem betreffenden Teil des Systems verschwinden; das könnte z. B. in der Weise geschehen, daß je ein positives Elektron sich mit einem negativen verbindet, und daß die so entstandenen Komplexe durch eine Art Diffusion nach jenen Stellen fortgeschafft werden, wo infolge der Elektronenbewegungen neutrale Elektrizität verloren geht. Zu der ersten Hypothese werden Sie sich kaum entschließen können; sie liefe ja darauf hinaus, der neutralen Elektrizität fast alle Bedeutung abzusprechen, da wir annehmen müßten, daß sogar eine stunden- oder tagelang fortgesetzte Anhäufung derselben sich uns in keiner Weise bemerkbar macht, und daß andererseits der Vorrat eines Metalls an neutraler Elektrizität so gut wie unerschöpflich ist. Was aber die zweite Voraussetzung betrifft, so verstößt diese gegen den zweiten Hauptsatz der Termodynamik. Entspräche sie der Wirklichkeit, so hätten wir in zwei sich berührenden Metallstücken von gleicher Temperatur ein System, das sich in einem stationären Zustande befindet und in welchem dennoch fortwährend an der einen Stelle, wo sich die entgegengesetzten Elektronen mit einander vereinigen, eine Wärmeentwicklung und an einer anderen Stelle, wo sie sich von einander trennen, eine Wärmeabsorption stattfindet.

Ich muß hinzufügen, daß Drude den Knoten löst, indem er eine solche Beziehung zwischen der Anzahl der freien positiven und negativen Elektronen in zwei Metallen annimmt, daß dieselbe Potentialdifferenz genügt, um der Wanderung sowohl der positiven als auch der negativen Teilchen Einhalt zu tun.[10] Damit ist für diesen Fall die Schwierigkeit gehoben; unglücklicherweise taucht sie aber wieder auf, und ist nicht so leicht zu beseitigen, wenn man auch die Vorgänge in den homogenen Teilen der Thermokette, in welchen die Temperaturdifferenzen bestehen, eingehend untersucht.

Diese Andeutungen dürften genügen, um Ihnen zu zeigen,

in welche Komplikationen wir hineingeraten, wenn wir die Annahme von Doppelströmen aufrecht erhalten wollen. Gegen diese spricht übrigens auch die Tatsache, daß in allen Fällen, wo man es unzweifelhaft mit positiven Elektronen zu tun hat, wie bei den Kanalstrahlen und den α-Strahlen, die Masse von derselben Größenordnung wie die der chemischen Atome ist. Dem würde es entsprechen, wenn die positiven Ladungen sich nie von den Metallatomen trennten und es nur die negativen wären, welche, indem sie die molekularen Zwischenräume frei durchlaufen, den Übergang der Elektrizität von einer Stelle zur anderen vermitteln.

Bei dieser Sachlage wird nur eine eingehende theoretische Untersuchung des Halleffektes die Entscheidung bringen können. Man wird dabei zu beachten haben, daß auch diejenigen Elektronen, welche sich nicht von den Atomen trennen, im Inneren dieser letzteren einige Beweglichkeit haben können, daß die äußere magnetische Kraft auch diese Bewegungen modifiziert und daß dieser Umstand einen Einfluß auf die Bewegung der freien Teilchen haben kann. Ich halte es nicht für ausgeschlossen, daß es am Ende in dieser Weise gelingen wird, von dem Halleffekt im Eisen Rechenschaft zu geben, ohne daß man zu freien positiven Elektronen seine Zuflucht zu nehmen braucht. Sollte sich diese Erwartung nicht erfüllen, so bliebe allerdings nur übrig, auch das Verhalten der neutralen Elektrizität ins Auge zu fassen.

Obgleich die Zeit drängt, kann ich doch nicht umhin, zum Schluß noch etwas von den optischen Eigenschaften der Metalle zu sagen. Auch diese setzt die elektromagnetische Theorie in Beziehung zu den elektrischen Eigenschaften. Sogar war eine der ersten Folgerungen Maxwell's, daß die guten Leiter wenig durchsichtig sein müssen. Die von der Theorie gelieferte numerische Beziehung zwischen dem Absorptionsvermögen und der Leitfähigkeit hat indes lange auf experimentelle Bestätigung warten müssen und erst in jüngster Zeit ist es Hagen und Rubens gelungen, nachzuweisen, daß für langwellige Wärmestrahlen das Absorptionsvermögen und das damit zusammenhängende Emissionsvermögen eines Metalls in sehr

befriedigender Weise, dem absoluten Werte nach, aus der Leitfähigkeit berechnet werden können.

Dieses wichtige Resultat, das an sich unabhängig von der
Elektronentheorie ist, legt den Gedanken nahe, daß für diejenigen Metalle, bei welchen wir die Leitfähigkeit nach der
Drude'schen Theorie berechnen können, ganz ähnliche Betrachtungen auch für die Erklärung der Absorption und Emission
von Licht-, oder vielmehr von Wärmestrahlen ausreichen
müssen.

Ich habe daher, und zwar zur Vereinfachung für eine
dünne Metallplatte und für Strahlenrichtungen, die senkrecht
zu derselben stehen, das Absorptions- und Emissionsvermögen
berechnet, wobei ich mich ganz den Betrachtungen von Drude
angeschlossen habe. Einen Ausdruck für die Absorption erhält man sehr leicht, wenn man diese nach den Gleichungen
der Maxwell'schen Theorie berechnet und für die Leitfähigkeit den bereits angeführten Wert (8) einsetzt[11]). Das
Resultat ist

$$A = \frac{\pi c}{\alpha T} N e^2 u l \triangle,$$

in welcher Formel c die Geschwindigkeit des Lichtes und $\triangle$
die Dicke der Platte bedeutet, während die übrigen Größen
keiner Erklärung mehr bedürfen. Die Formel gibt an, welcher
Teil der von außen auf die Platte fallenden Strahlungsenergie
in dem Metall absorbiert wird.

Was nun ferner die Emission betrifft, so habe ich in Betracht gezogen, daß von einem sich mit konstanter Geschwindigkeit bewegenden Elektron, wie bereits erwähnt wurde, keine
Strahlung ausgeht. Eine solche kommt erst zu Stande, wenn
die Geschwindigkeit geändert wird, also nach unseren Annahmen
im Moment der Zusammenstöße mit den Metallatomen. Man
kann die Strahlung berechnen und den Fourier'schen Satz
benutzen, um sie nach Wellenlängen zu zerlegen; dabei kommt
es uns nur auf die Anteile der gesamten Strahlung an, die sich
auf die längsten Wellen beziehen.

Ich will Ihnen jetzt das Resultat mitteilen. Ich habe einen
kleinen Teil ω der Vorderseite der Platte (Fig. 8) ins Auge

gefaßt und denke mir in einem Punkte P der hier errichteten Senkrechten in einer großen Entfernung r von der Platte ein dieser letzteren paralleles Flächenelement ω'.

Für die pro Zeiteinheit von ω ausgehende und ω' durchsetzende Strahlungsenergie, insofern sie Wellenlängen zwischen λ und $\lambda + d\lambda$ entspricht, kann man nun schreiben

$$\frac{S \omega \omega' d\lambda}{r^2},$$

wo der Faktor S als Ausdruck für das Emissionsvermögen der Platte zu betrachten ist. Die hierfür gefundene Formel lautet

$$S = \frac{4\pi c^2}{3\lambda^4} N e^2 u l \triangle.$$

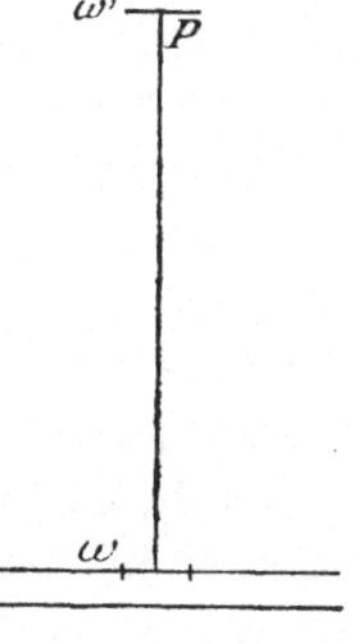

Fig. 8.

Aus dieser Gleichung und der für das Absorptionsvermögen gefundenen geht hervor, daß das Verhältnis $\dfrac{S}{A}$ unabhängig von der Plattendicke $\triangle$ ist, sowie von allen Größen, durch welche sich das eine Metall von dem anderen unterscheidet. Es ist nämlich

$$\frac{S}{A} = \frac{4}{3} \frac{c\,\alpha\,T}{\lambda^4} \quad . \quad . \quad . \quad . \quad . \quad (11)$$

Dieses Resultat steht im Einklang mit dem berühmten Kirchhoff'schen Gesetz, nach welchem das Verhältnis zwischen Emission und Absorption für alle Körper den gleichen Wert hat und eine universelle Funktion von Temperatur und Wellenlänge ist. Zu gleicher Zeit haben wir diese Funktion, freilich nur für den Fall sehr großer Wellenlängen, aus der Elektronentheorie abgeleitet.

Es wäre nun recht schön, wenn wir diese Theorie auch auf kleinere Wellenlängen ausdehnen könnten. Das ist mir leider bis jetzt nicht gelungen. Die thermodynamische Theorie der Strahlung zeigt, daß die Wellenlänge, für welche das Verhältnis von S und A ein Maximum ist, der absoluten Temperatur umgekehrt proportional ist. Dieses Gesetz, das sogenannte

Wien'sche Verschiebungsgesetz, auch aus der Elektronentheorie
abzuleiten und anzugeben, in welcher Weise das konstante Produkt aus jener Wellenlänge und der Temperatur mit den Eigenschaften der Elektronen zusammenhängt, was zu erwarten ist,
da es sich hier wieder um eine universelle Konstante handelt,
das gehört vorläufig in die Reihe der ungelösten Probleme.
Sogar stößt man schon auf Schwierigkeiten, wenn man sich
klar machen will, aus welchem Grunde bei Erhitzung eines
Körpers in seiner Strahlung immer mehr kurze Wellen auftreten, wenn man also die einfache Tatsache des Glühens durch
Temperaturerhöhung zu erklären versucht.

Ich darf nicht verschweigen, daß Planck in seiner elektromagnetischen Theorie der Strahlung viel weiter gekommen
ist als es der Elektronentheorie bis jetzt möglich war; er hat
wirklich für das Verhältnis $\dfrac{S}{A}$ eine allgemeine, für alle
Wellenlängen und Temperaturen geltende Gleichung angegeben.
Glücklicherweise stimmt unser Ausdruck für sehr lange Wellen
mit der Formel dieses Physikers überein.

Planck hat nun aus seiner Formel sehr bemerkenswerte
Schlüsse gezogen, und wir können dasselbe mit Hilfe der
Gleichung (11) tun, wobei wir dann die Elektronentheorie nicht
zu verlassen brauchen. Die Größe $\dfrac{S}{A}$ bestimmt nämlich auch
die Emission eines vollkommen schwarzen Körpers, wie sofort
daraus hervorgeht, daß für einen solchen das Absorptionsvermögen $A = 1$ ist. Die Strahlung eines schwarzen Körpers ist
aber experimentell, sowohl was die Gesamtintensität als auch
was die Verteilung derselben über die verschiedenen Wellenlängen betrifft, untersucht worden.

Dank den betreffenden Arbeiten von Lummer und
Pringsheim und von Kurlbaum kann man für verschiedene
Wellenlängen und Temperaturen den absoluten Wert von $\dfrac{c\,\alpha\,T}{\lambda^4}$,
und also auch für jede Temperatur den Wert von $\alpha\,T$ an-
geben. Wir kennen also die mittlere kinetische Energie eines
einzelnen Gasmoleküls. Dividiert man damit die gesamte

kinetische Energie eines Gases, die man aus dem Druck ab-
leitet, so erhält man die Anzahl der Gasmoleküle. Ferner
kann man auch die Gesamtmasse des Gases bestimmen; folglich wird die Masse eines Moleküls, z. B. des Wasserstoffgases
bekannt. Die Hälfte davon ist die Masse eines Wasserstoffatoms, und diese, dividiert mit dem elektrochemischen Äquivalent des Wasserstoffs, liefert uns die Ladung eines Wasserstoffions, d. h. die Größe unseres elektrischen Elementar-
quantums. Verbindet man nun schließlich das Resultat mit
dem Wert von $\dfrac{e}{m}$ für ein negatives Elektron, dann erhält man
den Wert von m und aus der Gleichung (7) den Radius des
Elektrons.

Ich habe die erhaltenen Zahlen in Tabelle IV zusammengestellt; obgleich es möglich ist, daß dieselben etwas geändert
werden müssen, nachdem man einige Teile der Theorie strenger
durchgeführt hat, kann man sich doch, was die Größenordnung
betrifft, völlig auf diese Ergebnisse verlassen, und sind auch
die Zahlenwerte wohl ziemlich zuverlässig. Den beiden letzten
Zahlen habe ich den Wert von $\dfrac{e}{m}$, den man für kleine Geschwindigkeiten aus der Untersuchung der β-Strahlen abgeleitet hat, zu Grunde gelegt.[12]

Die Elektrotechniker werden sich gewiß darüber freuen,
daß man jetzt die kleinste Elektrizitätsmenge, die jemals ins
Spiel kommt, bestimmt hat. Sie beträgt rund 10^{-19} Coulomb.

Tabelle IV.

$$\alpha = 1{,}6 \times 10^{-16}\frac{\text{Erg}}{\text{Grad}}.$$

Anzahl der Gasmoleküle in einem c.M.³ bei 0^0 und
Atmosphärendruck . . . . $3{,}5 \times 10^{19}$.

Masse eines Wasserstoffatoms . $1{,}3 \times 10^{-24}$ Gramm.

Elektrisches Elementarquantum . $1{,}3 \times 10^{-20}$ elektromagnetische
C.G.S.-Einheit.

Masse eines negativen Elektrons $7{,}4 \times 10^{-28}$ Gramm.

Radius eines negativen Elektrons $1{,}5 \times 10^{-13}$ c. M.

An das Ende meines Vortrags gekommen, fürchte ich sehr, Sie insofern enttäuscht zu haben, als ich von den magnetischen Eigenschaften der Metalle, die ja für Sie von ganz besonderer Wichtigkeit sind, kein Wort gesagt habe. Der Grund liegt darin, daß die verwickelten Erscheinungen des Magnetismus der Theorie noch viele Schwierigkeiten bereiten. Man kann sich vorstellen, daß in einem Magneten rotierende oder herumkreisende Elektronen vorhanden sind, und Voigt, sowie neuerdings Langevin, hat bei der mathematischen Behandlung solcher Bewegungen interessante Resultate erhalten. Auch versprechen die Betrachtungen von du Bois viel für die weitere Entwicklung der Elektronentheorie, obgleich sie dieser nicht eigentlich angehören. Indes, so einfache Ergebnisse, wie die, welche ich die Ehre hatte, Ihnen mitzuteilen, kann ich auf diesem Gebiete nicht aufweisen.

Übrigens ist es auch wohl Zeit, daß ich zu Ende komme. Ich tue das, indem ich Ihnen meinen herzlichsten Dank für die Aufmerksamkeit, die Sie mir geschenkt haben, ausspreche.

Anmerkungen und Zusätze.

[1]) Daß der Äther nicht von bewegter ponderabler Materie mitgeführt wird, zeigen auch gewisse Versuche, bei welchen ein Dielektrikum in einem magnetischen Felde bewegt wurde. Es wird dann in dem sich verschiebenden Körper, in dem er die Kraftlinien durchschneidet, eine elektrische Kraft induziert, die sowohl auf diesen Linien als auch auf die Bewegungsrichtung senkrecht steht, und die man vermittelst geeigneter Vorrichtungen zur Beobachtung bringen kann. Bleibt nun der Äther in Ruhe, so muß der Effekt der um Eins verminderten dielektrischen Konstante ε des betreffenden Körpers proportional sein, vorausgesetzt, daß man für den Äther $\varepsilon = 1$ setzt.

Indem er einen hohlen, innen und außen mit Metall überzogenen Ebonitzylinder um die geometrische Achse rotieren ließ, in einem dieser Linie parallelen Magnetfelde, hat H. A. Wilson Resultate erhalten, welche dieser Forderung der Theorie entsprechen. Schon früher hatte Blondlot gefunden, daß kein Induktionseffekt beobachtet werden kann, wenn Luft sich in einem magnetischen Felde bewegt; dies rührt daher, daß in diesem Fall die Konstante ε nur wenig von Eins verschieden ist.

[2]) Diese Ausnahme bilden die γ-Strahlen. Sie bestehen höchstwahrscheinlich, ebenso wie die Röntgenstrahlen, aus elektromagnetischen Erschütterungen, die sich mit Lichtgeschwindigkeit ausbreiten.

[3]) In meinen vor kurzer Zeit in der „Encyklopädie der mathematischen Wissenschaften" erschienenen Artikeln über die Maxwell'sche Theorie und die Elektronentheorie habe ich im Anschluß an Hertz und Heaviside andere Einheiten eingeführt, die bei den theoretischen Entwicklungen gewisse Vorteile bieten. Bei der jetzigen Gelegenheit schien es mir aber geraten, mich an die allgemein üblichen Einheiten zu halten.

[4]) Es ist hier der Einfluß gemeint, den die ponderabele Materie auf die Fortpflanzungsgeschwindigkeit verschieden-

farbigen Lichtes hat, ein Einfluß, dessen Größe die Werte der Brechungsexponenten bestimmt und den man durch die Annahme mitschwingender Elektronen erklärt.

Zur Vereinfachung beschränken wir uns auf ein Gas von so geringer Dichte, daß man von der Wechselwirkung der Moleküle Abstand nehmen kann, und nehmen wir an, daß jedes Molekül ein einziges bewegliches Elektron mit der Ladung e und der Masse m enthalte. Dieses Teilchen soll eine bestimmte Gleichgewichtslage haben, nach welcher es, sobald es um die Strecke r daraus verschoben worden ist, durch eine der Verrückung proportionale Kraft zurückgetrieben wird. Für diese Kraft schreiben wir $k\,r$, wo k eine von der Natur des Moleküls abhängige Konstante bedeutet.

Wie sich sogleich ergeben wird, darf man in den in Betracht kommenden Fällen die Verrückung r der elektrischen Kraft E, welcher das Molekül unterworfen ist, proportional setzen. Ist nun $r = s\,E$, und bezeichnet man mit N die Anzahl der Moleküle pro Volumeneinheit, dann liefert die elektromagnetische Lichttheorie folgende Formel für den Brechungsexponenten

$$\nu = \sqrt{1 + h\,s\,e\,N,}$$

wo h eine von der Wahl der Einheiten abhängige Konstante bedeutet. Bedient man sich der üblichen elektromagnetischen Einheiten, und schreibt man c für die Lichtgeschwindigkeit im Äther, so ist $h = 4\,\pi\,c^2$.

Da der Brechungsexponent ν im Fall eines Gases nur wenig von Eins verschieden ist, so darf man auch setzen

$$\nu = 1 + \frac{1}{2}\,h\,s\,e\,N.$$

Um s zu bestimmen, betrachten wir ein Bündel geradlinig polarisierten Lichtes von bestimmter Schwingungszahl; in jedem Punkte eines solchen besteht eine periodisch wechselnde elektrische Kraft E, die fortwährend längs derselben Geraden gerichtet ist, und deren Größe etwa

$$E = a\,\cos n\,t$$

ist, wo n die Frequenz der Schwingungen bedeutet. Die infolgedessen auf das Elektron wirkende Kraft hat die Größe $a\,e\cos n\,t$, und zur Bestimmung der Verrückung r, welche das Elektron unter ihrem Einflusse längs jener Geraden erleidet, hat man die Differentialgleichung

$$m\,\frac{d^2 r}{d\,t^2} = a\,e\cos n\,t - k\,r,$$

deren letztes Glied von der nach der Gleichgewichtslage hin wirkenden Kraft herrührt. Die Gleichung zeigt, daß das Elektron unter dem Einflusse der elektrischen Kraft E eine schwingende Bewegung von der Frequenz n ausführen kann; der Formel wird nämlich genügt durch

$$r = \frac{a\,e}{k - m\,n^2}\cos n\,t,$$

oder, wenn man

$$\frac{k}{m} = n_0{}^2$$

setzt,

$$r = \frac{a\,e}{m\,(n_0{}^2 - n^2)}\cos n\,t.$$

Es ist also wirklich der Ausschlag r des Elektrons der elektrischen Kraft E proportional, die Verhältniszahl s wird

$$s = \frac{e}{m\,(n_0{}^2 - n^2)}$$

und man erhält für den Brechungsexponenten

$$\nu = 1 + \frac{h\,N\,e^2}{2\,m\,(n_0{}^2 - n^2)}.$$

Die Konstante n_0 bedeutet die Frequenz der Eigenschwingungen, welche das Elektron unter dem Einflusse der Kraft $k\,r$ allein ausführen kann. Wir wollen voraussetzen, daß diese Frequenz einer weit im Ultraviolett liegenden Stelle des Spektrums entspricht. Dann ist für Lichtstrahlen $n < n_0$,

$\nu > 1$, und zwar nimmt ν mit wachsendem n zu, wodurch die tatsächlich bestehende Dispersion erklärt ist.

Aus den Messungen von ν für verschiedene n lassen sich nun, da auch h bekannt ist, die Konstanten n_0 und $\dfrac{N e^2}{m}$ ableiten. Benutzt man dann weiter den Wert von $\dfrac{e}{m}$, der sich z. B. aus der Beobachtung des Zeemaneffektes ergibt, dann wird auch $N e$ bekannt. Andererseits kann man die Elektrizitätsmenge $N e$ angeben, welche nötig wäre, um jedem Molekül des in der Volumeneinheit enthaltenen Gases eine Ladung, gleich der eines einwertigen elektrolytischen Ions zu erteilen. Schließlich ist man im Stande, das Verhältnis $\dfrac{e}{\mathfrak{e}}$ zu berechnen.

Freilich komplizieren sich die Verhältnisse, sobald man es mit mehreren Arten von Eigenschwingungen zu tun hat.

[5]) Diese Formeln lauten, wenn man mit β das Verhältnis der Geschwindigkeit des Elektrons zu der Geschwindigkeit des Lichtes im Äther bezeichnet,

$$m_1 = \frac{e^2}{2\,R\,\beta^3} \left[\frac{2\,\beta}{1 - \beta^2} - \log \mathrm{nat}\, \frac{1 + \beta}{1 - \beta} \right],$$

$$m_2 = \frac{e^2}{4\,R\,\beta^3} \left[-2\,\beta + (1 + \beta^2) \log \mathrm{nat}\, \frac{1 + \beta}{1 - \beta} \right],$$

oder, wenn man nach steigenden Potenzen von β entwickelt,

$$m_1 = \frac{e^2}{R} \left(\frac{2}{3} + \frac{4}{5}\,\beta^2 + \frac{6}{7}\,\beta^4 + \ldots \right),$$

$$m_2 = \frac{e^2}{2\,R} \left[\left(1 + \frac{1}{3}\right) + \left(\frac{1}{3} + \frac{1}{5}\right)\beta^2 + \left(\frac{1}{5} + \frac{1}{7}\right)\beta^4 + \ldots \right].$$

[6]) Die den Beschleunigungen proportionalen Kräfte sind nicht die einzige Wirkung, welche der Äther auf ein bewegtes Elektron ausübt. Es kommt noch eine weitere Kraft ins Spiel,

für deren Komponenten bei nicht zu raschen Bewegungen die Theorie die Werte

$$\frac{2}{3}\,\frac{e^2}{c}\,\frac{d^3 x}{d t^3}, \quad \frac{2}{3}\,\frac{e^2}{c}\,\frac{d^3 y}{d t^3}, \quad \frac{2}{3}\,\frac{e^2}{c}\,\frac{d^3 z}{d t^3}$$

liefert. In diesen Ausdrücken, welche für jede Ladungsverteilung gelten, bedeuten x, y, z die Koordinaten des Mittelpunktes, während c wieder die Geschwindigkeit des Lichtes ist.

Wendet man dieses Resultat auf ein Elektron an, das in der Richtung der x-Achse einfache Schwingungen nach der Gleichung

$$x = a \cos nt$$

macht, dann hat die neue Kraft die Richtung der x-Achse und den Wert

$$\frac{2}{3}\,\frac{e^2}{c}\,\frac{d^3 x}{d t^3} = -\,\frac{2}{3}\,\frac{n^2 e^2}{c}\,\frac{d x}{d t}.$$

Sie ist also der Bewegung entgegengesetzt, so daß man sie als einen Widerstand betrachten kann, infolgedessen die Schwingungen, wenn sie nicht durch eine andere Kraft unterhalten werden, gedämpft werden. Es hängt dies damit zusammen, daß das Teilchen, indem es der Ausgangspunkt einer Strahlung ist, Energie verliert.

Um die Schwingungen im Gang zu halten, ist eine dem Widerstande gleiche und entgegengesetzte Kraft

$$\frac{2}{3}\,\frac{n^2 e^2}{c}\,\frac{d x}{d t}$$

erforderlich. Diese leistet während eines Zeitelementes $d t$ die Arbeit

$$\frac{2}{3}\,\frac{n^2 e^2}{c}\left(\frac{d x}{d t}\right)^2 d t = \frac{2}{3}\,\frac{n^4 e^2 a^2}{c}\,sin^2\, nt \,.\, d t,$$

woraus sich durch Integration die Arbeit während einer vollen Periode $\dfrac{2\,\pi}{n}$ zu

$$\frac{2\,\pi\,n^3\,e^2\,a^2}{3\,c}$$

berechnet. Es stimmt das wirklich überein mit dem Wert, den man für die während einer Schwingung ausgestrahlte Energie gefunden hat.

[7]) Da die heutige Elektrizitätslehre den Äther als unbeweglich voraussetzt, so müssen wir annehmen, daß derselbe an den Bewegungen der Erde nicht teilnimmt und daß also bei allen unseren Versuchen eine relative Bewegung des Äthers in Bezug auf die Apparate stattfindet. Sehen wir von der viel kleineren Geschwindigkeit der Erddrehung ab, so können wir sagen, die Geschwindigkeit u dieser relativen Bewegung sei gleich und entgegengesetzt der Translationsgeschwindigkeit, welche die Erde infolge ihrer jährlichen Bewegung um die Sonne hat. Sie beträgt also rund 30 000 M. pro Sekunde, d. h. der 10 000ste Teil der Geschwindigkeit c des Lichtes.

Es fragt sich nun, ob diese Bewegung des Äthers relativ zu unseren Apparaten irgend einen beobachtbaren Einfluß habe. Um hierüber zu entscheiden, hat man seit Fresnel zahlreiche Untersuchungen unternommen; alle Experimente, bei welchen man es nur mit Körpern zu tun hatte, die in Bezug auf die Erde ruhen, haben aber zu einem negativen Ergebnis geführt. Nicht nur die Versuche, bei welchen sich ein Einfluß auf elektrische und optische Erscheinungen zeigen könnte, der von der Größenordnung $\dfrac{u}{c}$ wäre, sondern auch diejenigen, bei welchen Größen von der Ordnung $\dfrac{u^2}{c^2}$ sich bemerklich hätten machen können, hatten dasselbe Resultat, als wenn der Äther relativ zur Erde ruhte, d. h. sich mit ihr bewegte.

Hiervon Rechenschaft zu geben, macht keine Mühe, so lange man sich auf Größen von der Ordnung $\dfrac{u}{c}$ beschränkt; Schwierigkeiten stellen sich erst ein, wenn man auch die Größen höherer Ordnung berücksichtigt. Indem ich mich nun bemühte, der Theorie eine solche Gestalt zu geben, daß sich für jeden Wert der Geschwindigkeit völlige Unabhängigkeit der elektri-

schen und optischen Erscheinungen von der Translation heraus-
stellt, sah ich mich genötigt, die Hypothese des deformierbaren
Elektrons einzuführen. Wie Cohn nachgewiesen hat, stimmen
die Gleichungen für das elektromagnetische Feld, die sich dabei ergeben, mit denjenigen überein, zu welchen er in ganz
anderer Weise gekommen ist. Allerdings gehen seine Theorie
und die meinige, was die Deutung der Gleichungen betrifft,
weit auseinander.

Die von mir vorausgesetzte Formänderung eines ursprünglich kugelförmigen Elektrons, das sich mit der Geschwindigkeit v verschiebt, besteht darin, daß, während die Dimensionen
senkrecht zu der Translation ungeändert bleiben, die der Translation parallelen im Verhältnis von 1 zu $\sqrt{1 - \beta^2}$ verkleinert
werden, wo β, wie in Anm. 5, den Wert $\dfrac{v}{c}$ hat. Für die longitudinale und transversale elektromagnetische Masse finde ich

$$m_1 = \frac{2}{3}\frac{e^2}{R}(1 - \beta^2)^{-3/2}, \qquad m_2 = \frac{2}{3}\frac{e^2}{R}(1 - \beta^2)^{-1/2}.$$

Hier ist vorausgesetzt, daß im Zustande der Ruhe die
Ladung e gleichförmig über die Oberfläche des kugelförmigen
Elektrons verteilt ist. R bedeutet den Radius des ruhenden
Teilchens.

Es möge noch bemerkt werden, daß in dieser Theorie angenommen wird, daß die Geschwindigkeit eines Elektrons nie
größer als die Lichtgeschwindigkeit sein kann.

Berechnet man mit dem angegebenen Werte von m_1 die
Arbeit, welche erforderlich ist, um dem Elektron die Geschwindigkeit v zu erteilen und vergleicht man diese Arbeit mit der
elektromagnetischen Energie, welche jener Geschwindigkeit
entspricht, so findet man, daß das deformierte Elektron irgend
eine innere Energie zu einem Betrage

$$\frac{1}{6}\frac{c^2}{R}\frac{e^2}{}\left\{1 - (1 - \beta^2)^{1/2}\right\}$$

weniger enthält, als im ursprünglichen Zustande. Diese letztere

Bemerkung rührt von M. Abraham her. Sie zeigt, wie sehr die Hypothese der deformierbaren Elektronen noch der weiteren Prüfung und Begründung bedarf.

Wie bereits im Text erwähnt wurde, haben die neueren Messungen von Kaufmann (1905) gegen die Hypothese des deformierbaren Elektrons entschieden. Der von mir gemachte Versuch, aus der Elektronentheorie völlige Unabhängigkeit der Erscheinungen von einer Translationsgeschwindigkeit abzuleiten, muß also als mißlungen betrachtet werden.

[8]) Diese Annahme ist aus folgendem Grunde nötig. Würde die freie Beweglichkeit der Elektronen auch durch die Zusammenstöße dieser Teilchen unter einander merklich vermindert, so hätte das einen Einfluß auf die Wärmeleitung, wie die Vergleichung mit der Gastheorie sofort zeigt, nicht aber auf die Elektrizitätsleitung. Letztere besteht ja in einer gemeinschaftlichen Strömung aller Elektronen unter der Wirkung einer auf alle ausgeübten Kraft, und bei einer solchen Bewegung kann aus den gegenseitigen Zusammenstößen kein Widerstand entstehen. Ein Einfluß aber, der sich nur bei der einen der beiden Erscheinungen und nicht bei der anderen geltend machte, würde das konstante Verhältnis zwischen den Leitfähigkeiten, welches wir eben zu erklären versuchen, stören.

[9]) Für die elektromotorische Kraft in einer Thermokette, deren Lötstellen die Temperaturen T' und T'' haben, finde ich die Formel

$$F = \frac{2\,\alpha}{3\,e} \int_{T'}^{T''} \log \text{nat} \; \frac{N_2}{N_1} \, d\,T,$$

wo N_1 und N_2 sich auf die beiden Metalle beziehen. Hat dieser Ausdruck das positive Vorzeichen, so ist der thermoelektrische Strom in der Kontaktstelle, welche die Temperatur T' hat, von dem ersten nach dem zweiten Metall hin gerichtet.

Für ein kleines Temperaturintervall ist annähernd

$$F = \frac{2\,\alpha}{3\,e} \, (T'' - T') \, \log \, \text{nat} \, \frac{N_2}{N_1},$$

folglich

$$F e = \frac{2}{3} \left(\alpha\, T'' - \alpha\, T' \right) \log \text{ nat } \frac{N_2}{N_1},$$

welche Formel die im Text genannte Regel ausdrückt, da $F\,e$ die Arbeit der elektromotorischen Kraft bedeutet für den Fall, daß ein Elektron den ganzen Kreis durchwandert.

Setzt man negative Ladung der freien Elektronen voraus, so wäre die extreme Stellung des Wismuts am einen Ende der thermo-elektrischen Reihe daraus zu erklären, daß für dieses Metall die Anzahl der freien Elektronen kleiner wäre als für alle anderen. Aus dem beobachteten Werte von F, in Verbindung mit dem Wert, den wir für $\frac{\alpha}{e}$ gefunden haben, folgt weiter, daß für Antimon diese Anzahl etwa 4 mal so groß sein müßte als für Wismut.

10) Die Annahme besteht darin, daß das Produkt aus der Anzahl der positiven und der negativen freien Elektronen, beide pro Volumeneinheit genommen, bei einer bestimmten Temperatur, als in allen Metallen gleich betrachtet wird.

11) Inwiefern die Resultate sich ändern, wenn man die von mir für die Leitfähigkeit gefundene Formel anwendet, mag hier unerörtert bleiben; auch in anderer Hinsicht könnten die Berechnungen noch etwas genauer durchgeführt werden. Was die Größenordnung der Absorption und der Emission betrifft, so wird das aber keinen Einfluß haben.

12) Der Wert von R ist von Bedeutung für die Diskussion der Frage, bis zu wie hohen Gangunterschieden man eine Interferenz von Lichtstrahlen beobachten könne. Der Sichtbarkeit der Interferenzstreifen wird nämlich eine Grenze gesetzt durch die Dämpfung der Schwingungen des leuchtenden Punktes und man kann zeigen, daß, wenn die Lichtquelle ein schwingendes Elektron ist, der Grad der Dämpfung eben von dessen Größe abhängt.

Es sei n die Frequenz der Schwingungen, ϑ die Schwingungszeit; λ die Wellenlänge, N die in Wellenlängen ausgedrückte Phasendifferenz, mit der zwei Strahlen interferieren, ε die Grundzahl der natürlichen Logarithmen. Es ist klar, daß die Interferenzstreifen undeutlich werden müssen, wenn die beiden zusammenkommenden Schwingungen sehr ungleiche Intensitäten haben und das wird der Fall sein, wenn in dem Intervall zwischen den Augenblicken, in welchen sie von dem leuchtenden Punkte ausgegangen sind, die Amplitude dieses letzteren sich erheblich verringert hat. Wir wollen, was natürlich ziemlich willkürlich ist, die gesuchte Grenze dadurch bestimmen, daß wir den Wert von N suchen, für welchen in jener Zeit N ϑ die Amplitude im Verhältnis von 1 zu $\dfrac{1}{\varepsilon^2}$ kleiner geworden ist.

Die Bewegungsgleichung des schwingenden Elektrons lautet (vergl. Anm. 4 und 6)

$$m\,\frac{d^2\,x}{d\,t^2} = -\,k\,x + \frac{2}{3}\,\frac{e^2}{c}\,\frac{d^3\,x}{d\,t^3}.$$

Betrachten wir hier das letzte Glied als sehr klein im Vergleich zu den beiden anderen, dann ist eine Lösung

$$x = a\,\varepsilon^{-\frac{e^2\,n^2}{3\,c\,m}\,t}\,\cos\,(n\,t + b),$$

wo a und b Konstanten sind, und $n = \sqrt{\dfrac{k}{m}}$. Die obengenannte zur Bestimmung der Wellenlängenzahl N dienende Bedingung führt nun zu der Gleichung

$$\frac{e^2\,n^2}{3\,c\,m}\,\mathrm{N}\,\vartheta = 2,$$

und hieraus ergibt sich, wenn man $m = \dfrac{2}{3}\,\dfrac{e^2}{R}$ setzt, und die Relationen $n = \dfrac{2\,\pi}{\vartheta}$, $c\,\vartheta = \lambda$ berücksichtigt,

$$\mathrm{N} = \frac{\lambda}{\pi^2\,R},$$

was sich auf etwa 40 Millionen berechnet, wenn man für λ die Wellenlänge des gelben Lichtes einsetzt.

Lummer und Gehrcke haben bei einer Phasendifferenz von mehr als zwei Millionen Wellenlängen eine Interferenz beobachtet.

Übrigens würden andere Ursachen früher als die hier betrachtete zu einem Verschwinden der Streifen führen. Eine derselben, auf die Michelson aufmerksam gemacht hat, liegt darin, daß die Moleküle eines leuchtenden Gases in allen Richtungen hin und her fliegen und daß sie demzufolge, dem Doppler'schen Prinzip gemäß, Strahlen emittieren, die nicht alle genau dieselbe Frequenz haben. Das Licht wird um so weniger homogen sein, und die Interferenz wird bei Erhöhung des Gangunterschiedes aus diesem Grunde um so eher unsichtbar werden, je größer die Molekulargeschwindigkeit des Gases ist. Derselbe Grad der Undeutlichkeit der Interferenzstreifen, der durch die oben betrachtete Dämpfung bewirkt wird, könnte auch bereits durch eine Molekulargeschwindigkeit, viel kleiner als die in leuchtenden Gasen tatsächlich bestehende, verursacht werden.